高等学校财经管理类专业计算机基础与应用规划教材

Visio商业图表制作分析

沈群力　编著

清华大学出版社

北京

内 容 简 介

"Visio 商业图表制作分析"课程的实验工具为 Visio,实验内容为绘制商务活动中的常用图表并看图说话。本书以一个个独立的实验来组织教学内容,每个实验涉及不同的知识点和软件使用技巧,这些实验由简单到复杂,由单个图表绘制到综合运用图表来撰写专业分析报告。每个实验都包括实验目的及要求、实验环境、实验准备、实验操作指导、实验任务等几个部分。学生首先通过实验指导来掌握相关知识点,在此基础上独立完成实验任务,课程结束前学生需结合自己的专业知识,运用 Visio 图表来完成一份专业分析报告或具体项目策划书的撰写,从而完成从感性认识到理性认识的上升过程。本实验指导使用 Visio 2019 版本完成,其他版本的 Visio 与此大同小异,都可以完成实验中的相关内容。

图书在版编目(CIP)数据

Visio 商业图表制作分析/沈群力编著. —北京:清华大学出版社,2020.3(2024.12重印)
高等学校财经管理类专业计算机基础与应用规划教材
ISBN 978-7-302-54150-9

Ⅰ.①V… Ⅱ.①沈… Ⅲ.①图形软件-高等学校-教材 Ⅳ.①TP391.412

中国版本图书馆 CIP 数据核字(2019)第 257505 号

责任编辑:黄 芝 薛 阳
封面设计:常雪影
责任校对:胡伟民
责任印制:刘海龙

出版发行:清华大学出版社
     网   址:https://www.tup.com.cn,https://www.wqxuetang.com
     地   址:北京清华大学学研大厦 A 座   邮   编:100084
     社 总 机:010-83470000   邮   购:010-62786544
     投稿与读者服务:010-62776969,c-service@tup.tsinghua.edu.cn
     质量反馈:010-62772015,zhiliang@tup.tsinghua.edu.cn
     课件下载:https://www.tup.com.cn,010-83470236
印 装 者:三河市龙大印装有限公司
经   销:全国新华书店
开   本:185mm×260mm   印   张:7.75   字   数:198千字
版   次:2020 年 7 月第 1 版   印   次:2024 年 12 月第 2 次印刷
印   数:1501~1700
定   价:29.00 元

产品编号:070244-01

"Visio 商业图表制作分析"属于商科类实践教学课程,坚持以"知识本位"的课程开发指导思想,课程以实验形式开展,每个实验设计一两个知识点,通过实验指导掌握相关工具的使用并理解相关知识点,通过实验任务培养学生的独立思考能力、问题分析能力、直观表达能力。本书使用 Visio 软件制作商务图形、图表及流程图,课程以实验的形式开展,在讲解相关知识点和实验要点后,学生独立完成商务图形、图表的设计制作,并对图表进行分析,撰写实验报告。

Visio 是 Microsoft Office 中的重要组件,是一款专业的办公绘图软件,具有简单与便捷等关键特性,是最流行的图表、流程图与结构图绘制软件;该软件含有大量的矢量图形素材,且功能强大,操作简单,所绘制的图形可以和 Word、PowerPoint、Excel 无缝对接,被广泛应用于商业文档领域。本书由 7 个实验及 1 个专业综合性设计报告撰写组成,实验总计32 学时左右,其中安排 4 学时的机动课时。课程实验由浅入深,循序渐进,实验内容涉及不同行业的应用,主要有熟悉软件功能、自绘图形、营销图表的绘制、组织结构图的绘制、外部数据形状的创建、模板分类及快捷键的使用、UML 模型的构建,及与专业相结合运用图表来撰写综合性分析报告等。课程的设计思路如下:

通过本课程的学习,学生能够掌握 Visio 软件的常用功能,并熟练运用 Visio 软件创建具有专业外观的图表。通过该软件的使用启发学生将自己的思想、设计与最终产品演变成形象化的图像进行传播,帮助学生制作出富含信息和吸引力的图表及模型。从而使撰写的文档内容更加丰富,更容易克服文字描述与技术上的障碍,让文档变得更加简洁、易于阅读与理解。

整个课程教学安排 7 个实验及 1 个综合性分析报告撰写,每个独立的实验自成一个教学模块,其中 1 个实验(4 课时)为自主学习,教师可以根据每学期的教学时间机动安排,自主学习实验内容为学生参照相关材料课后自主学习并完成实验任务,撰写实验报告。课程考核以考勤(20%)、平时实验报告(40%)及最后综合的分析设计报告(40%)为参考依据进行评分。

实验内容如下。

实验 1:熟悉 Visio 实验环境及基本功能。掌握 Microsoft Visio 的应用领域,熟悉软件的工作环境,熟练操作 Visio 软件新建、保存、查看、页面设置、打印等基本功能,理解 Visio 中模具、形状的概念,运用模具、形状完成相关操作,如查找合适形状和删除、修改形状等操作。

实验 2:自绘图形。熟悉 Visio 中形状的布尔操作,即形状的运算,通过"与""或""非"等运算方法对图形进行编辑操作,掌握形状的"联合""组合""拆分""相交""剪除""连接""修剪""偏移"等功能。

实验 3:营销图表的绘制。理解波士顿矩阵图、SWOT 分析等常见营销分析方法。绘制功能比较图、波士顿矩阵图、SWOT 图,创建中心辐射图表、三角形、金字塔图。

实验 4:组织结构图的绘制。理解组织结构图的含义,传达的信息及应用场合;利用相关模具和形状绘制组织结构图;熟悉组织结构图的导入导出功能,利用向导功能导入文本或 Excel 格式文件,生成组织结构图。

实验 5:外部数据形状的创建。掌握外部数据的导入过程;根据导入的数据熟练创建数据透视关系图,理解数据透视图中数据的汇总方式,并能对透视图加以分析;理解 Visio 中数据形状链接的含义,熟练掌握自定义及外部模具的添加方式,并将数据链接到添加的形状当中;能够利用"数据透视表"对数据进行分析。

实验 6:模板分类及快捷键的使用。熟悉 Visio 模板的分类及提示,能结合自己所要传递的信息熟练地选择合适的模板并绘制图形;熟练运用 Visio 的常用快捷键及绘图技巧;掌握自制模具的添加和删除。

实验 7:UML 模型的构建。熟悉 Visio 中 UML 建模的工作环境;理解用例分析的目标,即标识系统功能,从用户的角度出发组织这些功能;熟记用例图的基本组成元素,熟练绘制用例图;理解类的概念、类的属性及方法,熟练绘制类图。

综合实验:专业综合性分析报告撰写。学生需运用自己的专业知识,结合图表完成一份专业分析报告或具体的项目策划书,从而完成从感性认识到理性认识的上升过程。

本教程得到了"上海市教委应用型本科试点专业建设——上海商学院电子商务应用型本科专业建设"项目的大力支持,在此表示感谢。

目 录
CONTENTS

实验 ①

熟悉Visio实验环境及基本功能

1. 实验目的及要求

通过此次实验,熟悉 Visio 的基本工作环境;理解 Visio 中的形状、模具、模板等概念,熟练掌握 Visio 的基本功能,掌握基本形状的常用属性和绘制方法;先完成实验指导中的相关操作内容,在此基础上经过思考后独立完成实验任务,并就实验任务的内容撰写实验报告。本次实验 4 学时,属于验证性实验。

2. 实验环境

硬件需求:计算机,每位学生 1 台。

软件:Windows 操作系统,Microsoft Visio 软件,浏览器,文件上传下载 FTP 软件。

3. 实验准备

1) 实验所需的相关理论知识介绍

Visio 形状:是指拖动至绘图页上的现成图像,它们是图表的构建基块。Visio 形状不仅是简单的图像或符号,还可以包含数据。将形状从形状窗口(类)拖到绘图页上的副本(实例),同一形状可以有尽可能多的实例。

Visio 模具:形状的集合。每个模具中的形状都有一些共同点。这些形状可以是创建特定种类图表所需的形状的集合,也可以是同一形状的几个不同的版本。

模板:创建相关商务图表,使用图表类型(如无完全匹配的类型,可选最接近的类型)模板创建图表是一种快捷高效的创建方式。Visio 提供了丰富的图表模板及不同形状,有些简单,有些复杂。每个模板都有其不同的用途,从管线规划到计算机网络,品种丰富的模板基本能满足常用的办公需求。Visio 提供了超过 75 种模板,通过模板可创建设置想要的图表,模板选择如图 1-1 所示。

2) 流程图中常见的形状介绍

Visio 中最简单最基本的便是绘制流程图,常见的流程图形状如表 1-1 所示。

4. 实验操作指导

1) 交通红绿灯的制作

(1) 打开 Visio,选择"文件"→"新建"→"空白绘图",单击"创建"按钮新建一个空白绘图,如图 1-2 所示。

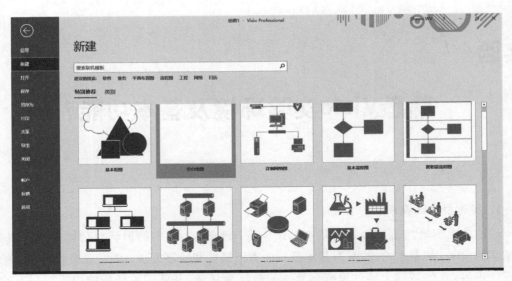

图 1-1　Visio 新建窗口

表 1-1　流程图形状一览表

形　状	名　称	说　明
	开始/结束	将此形状用于过程的开始和结束步骤
	流程	此形状表示过程中的典型步骤。这几乎在每个过程中都是最常用的形状
	决策	此形状表示判定下一步骤的决策结果位置。可以有多种结果,但通常仅有两种：是和否
	子流程	将此形状用于一组组合的步骤,以在其他位置(通常在相同文档的其他页面)创建子流程。这对于图表很长且复杂的情况非常有用
	文档	此形状表示生成文档的步骤
	数据	此形状表示信息是从外部进入流程或离开流程。此形状还可用于表示材料,有时称为"输入"/"输出"形状

形　状	名　称	说　明
◯	页面内引用	此小圆圈表示下一(或前一)步骤在绘图上的其他位置。这对于大型流程图非常有用,在大型流程图中,需要使用长连接线,这不易于操作
⬗	页面外引用	将此形状拖动到绘图页时,一个对话框打开,可以在该对话框中创建两个流程图页面或子流程形状之间的一组超链接,且单独的流程图页面显示该子流程图中的步骤

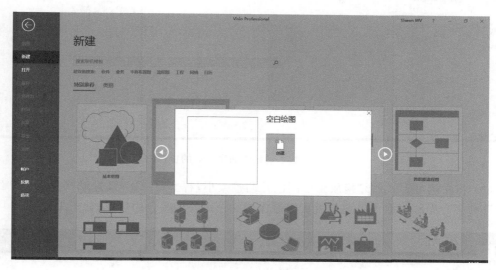

图 1-2　新建空白绘图

(2) 单击左侧形状窗口中的"更多形状",选择"常规"→"基本形状",将"基本形状"模具添加到形状窗口,如图 1-3 和图 1-4 所示。

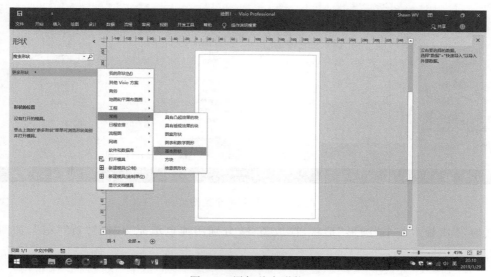

图 1-3　添加基本形状

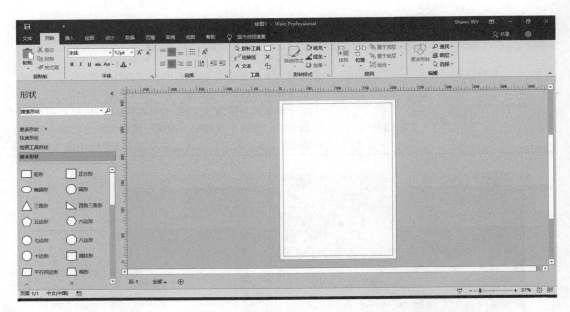

图 1-4　基本形状添加完成后的窗口

（3）将左侧"圆角矩形"拖放至绘图区并调整大小，右击后选择"设置形状格式"→"纯色填充"→"黑色"→"无线条"，这样就可以制作成一个无外框黑色的灯罩，如图 1-5 所示。

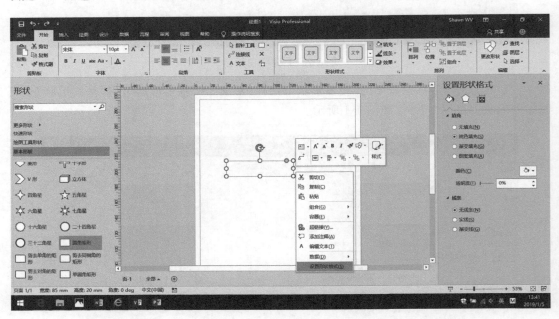

图 1-5　将形状拖至绘图页

（4）依次拖入三个"圆形"形状，摆放整齐，分别用纯色填充为"红""黄""绿"，如图 1-6 所示。

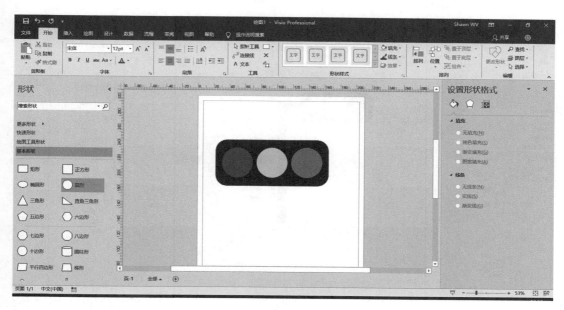

图 1-6 红绿灯雏形

（5）选中上面的所有形状,右击后选择"组合",将三个红绿灯和灯罩组合成一个整体（可以按住 Ctrl 键,然后依次选中每个形状,也可以按住鼠标左键从左上到右下用"选择框"选中需要组合的形状）,如图 1-7 所示。

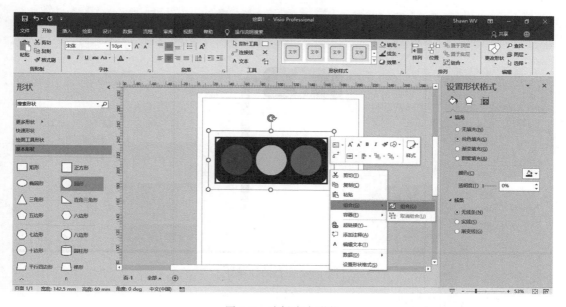

图 1-7 选择多个形状

（6）从左侧"形状"窗口中拖动两个矩形到"绘图页"中,用"纯色填充"为灰色,线条选择"无线条",然后将两个矩形组合成灯杆（提示:对齐两个矩形,使其更好地重叠,可以使用上下左右方向键缓慢移动"矩形"位置）,如图 1-8 所示。

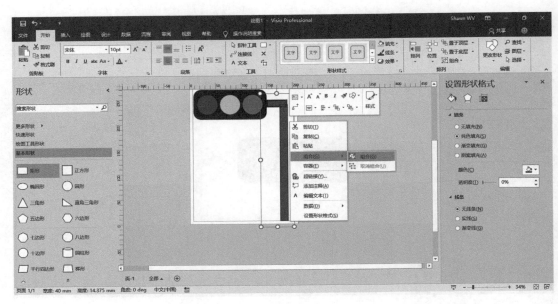

图 1-8　灯杆的组合

（7）最后将红绿灯和灯杆组合成一个完整的红绿灯，如图 1-9 所示。

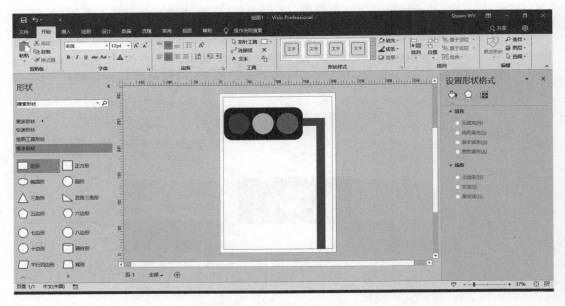

图 1-9　完整的红绿灯

2）基本流程图的创建

流程图能够简单直观地显示工作流程及步骤，且易于理解。如图 1-10 所示的"方案讨论"流程图便是一种常见的流程图。

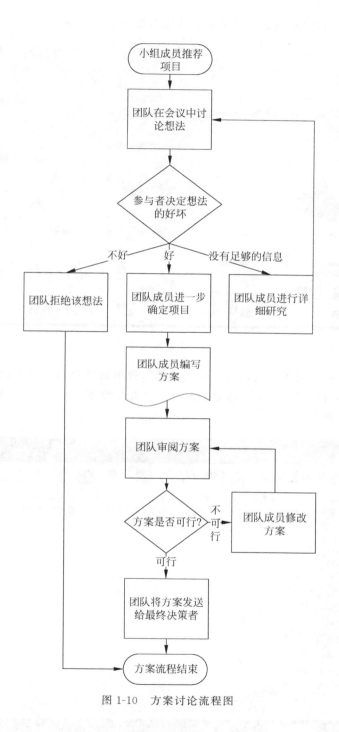

图 1-10　方案讨论流程图

操作过程如下。

(1) 启动 Visio,选择"新建"→"基本流程图",如图 1-11 所示。

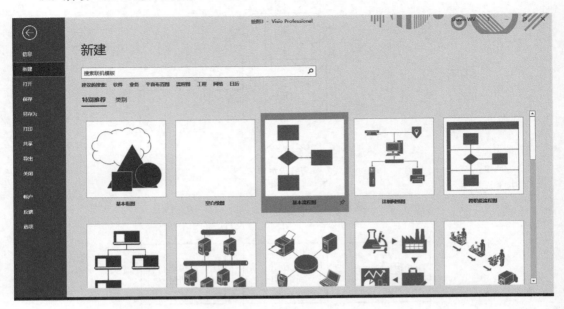

图 1-11　新建基本流程图

(2) 在底部"页 1"位置右击,选择"页面设置",弹出对话框,在"打印设置"里的"打印机纸张"栏目下选择"纵向"(也可以通过"设计"→"页面设置"→"纸张方向"进行设置),如图 1-12 和图 1-13 所示。

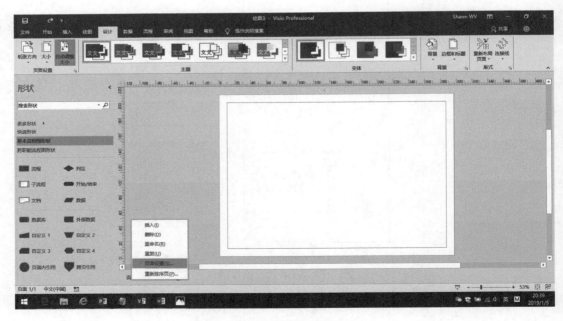

图 1-12　页面设置菜单

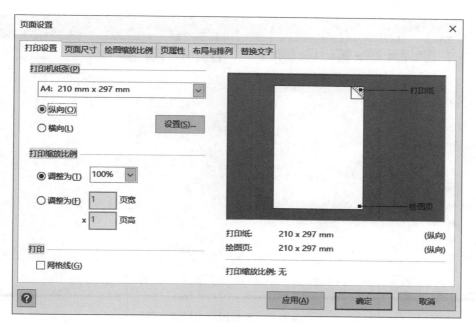

图 1-13 "页面设置"对话框

（3）选择"设计"→"背景"→"背景"，选择实心背景，如图 1-14 所示。

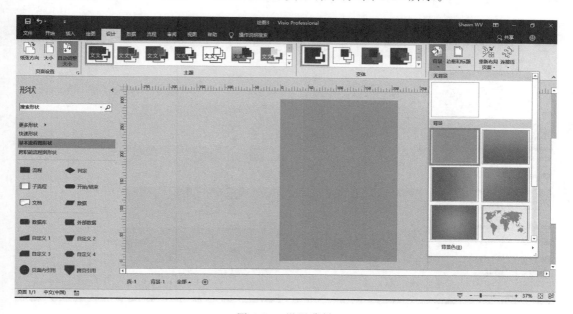

图 1-14 设置背景

（4）将流程图所需使用的形状拖放到绘图页上，如图 1-15 所示。

（5）绘制连接线：选择"开始"→"工具"→"连接线"，将鼠标指针悬停在第一个形状上，这时该形状上会出现连接点，从连接点开始拖动鼠标并指向需要连接到形状的连接点从而绘制连接线。在连接线上右击，弹出快捷菜单后选择"直角连接线""直线连接线""曲线连接

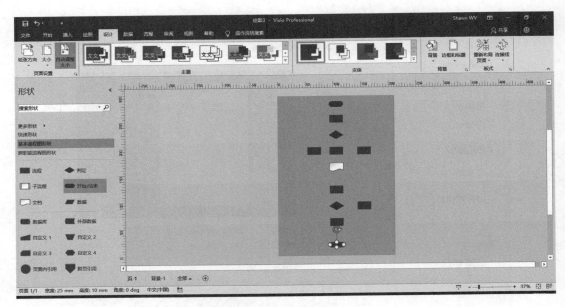

图 1-15　流程图所需形状

线"。如果第二个形状不直接通过第一个形状,则单击并按住小箭头,将其拖动到第二个形状,并将连接线拖到第二个形状的中间,如图 1-16 和图 1-17 所示。

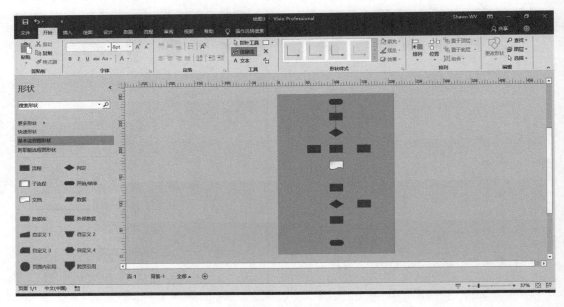

图 1-16　设置连接线

(6)更改箭头及添加文本:选中连接线,选择"开始"→"形状样式"→"设置形状格式"(也可选中连接线后右击,弹出快捷菜单后选择"设置形状格式"),选择箭头的方向、类型及宽度等样式;选中形状,选择"开始"→"工具"→"文本",将文本添加到形状或连接线中,完成文本输入后,单击页面的空白区域,如图 1-18 所示。

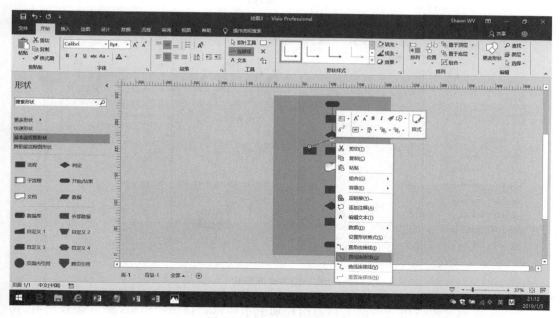

图 1-17　连接线形状的选择

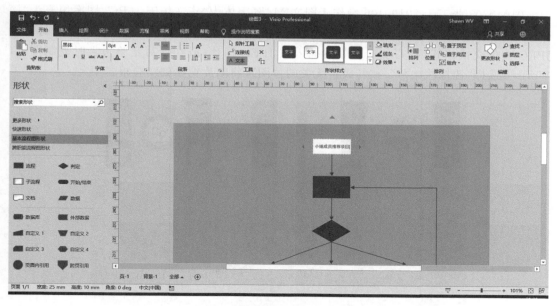

图 1-18　添加文本到形状中

（7）调整字体大小及填充色，使所绘图形接近于所给图片。按 Ctrl＋A 组合键选择绘图页上的所有内容，选择"开始"→"排列"→"排列"，然后单击"自动对齐"，如图 1-19 所示。

5. 实验任务

（1）绘制如图 1-20 所示的交通图并对所绘制图片做简单的解释说明（上海市奉贤区南桥镇沪杭公路国顺路路口）。

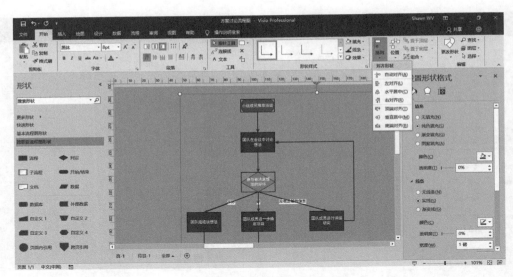

图1-19 对齐形状

要求：绘制完成后用文本框工具为图片加上水印，如"18101040203 张三版权所有，违者必究！"（字体为"华文彩云36Pt"，"排列"选"置于底层"）；图片右下角用文本框写上"18101040203 张三于 20190106 制作于图文 414"（字体为"华文仿宋16Pt"，图案填充为"深色上对角线"，"前景"为标准橙色，透明度为50％，"无线条""置于底层"）；将图片另存为JPEG 文件交换格式，撰写实验报告时插入该 JPEG 图片（或在撰写实验报告时复制图形，Word 中选择"选择性粘贴"→"与设备无关的位图"，将图片粘贴到实验报告中）。

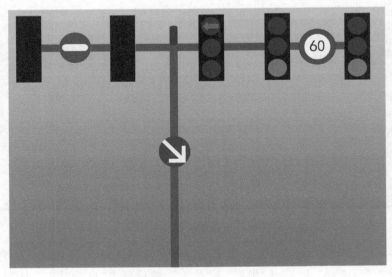

图1-20 路口红绿灯

（2）绘制如图1-21所示的经营计划与财务预算的决策过程图，并对所绘制图片做简单的解释说明（提示：边框和标题文字需要切换到背景页进行修改）。

要求："边框和标题"为"平铺"；版权水印为"华文彩云36Pt"，"排列"选"置于底层"；右下角"文本框"签名栏改为自己的学号姓名,字体为"华文仿宋16Pt",图案填充为"深色上对角线","前景"为标准橙色,透明度为50%,"无线条"。

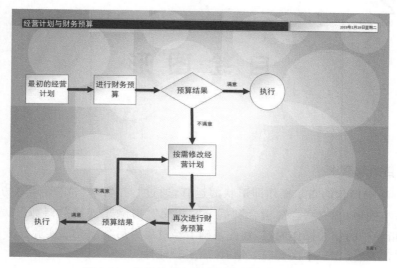

图 1-21　经营计划与财务预算的决策过程图

实验 ②

自 绘 图 形

1. 实验目的及要求

熟悉 Visio 中形状的布尔操作即形状的运算,通过"与""或""非"等运算方法对图形进行编辑操作,掌握形状的"联合""组合""拆分""相交""剪除""连接""修剪""偏移"等功能。先完成实验指导中的相关操作内容,在此基础上经过思考后独立完成实验任务,并就实验任务的内容撰写实验报告。本次实验 4 学时,属于验证性实验。

2. 实验环境

硬件需求:计算机,每位学生 1 台。

软件:Windows 操作系统,Microsoft Visio 软件,浏览器,学生客户端控制软件,文件上传下载软件。

3. 实验准备

1) 相关理论知识背景介绍

布尔是英国的数学家,在 1847 年发明了处理二值之间关系的逻辑数学计算法,他用等式表示判断,把推理看作等式的变换。这种变换的有效性不依赖人们对符号的解释,只依赖于符号的组合规律。这一逻辑理论人们常称它为布尔代数。Boolean(布尔运算)通过对两个以上的物体进行并集、差集、交集的运算,从而得到新的物体形态。系统提供了 4 种布尔运算方式:Union(并集)、Intersection(交集)和 Subtraction(差集,包括 A—B 和 B—A 两种)。

Union(并集):用来将两个造型合并,相交的部分将被删除,运算完成后两个物体将成为一个物体。

Intersection(交集):用来将两个造型相交的部分保留下来,删除不相交的部分。

Subtraction(A—B)(A—B 部分):在 A 物体中减去与 B 物体重合的部分。

Subtraction(B—A)(B—A 部分):在 B 物体中减去与 A 物体重合的部分。

布尔运算是数字符号化的逻辑推演法,包括联合、相交、相减。在图形处理操作中引用这种逻辑运算方法可以使简单的基本图形组合产生新的形体,并由二维布尔运算发展到三维图形的布尔运算。布尔运算主要包括联合、组合、拆分、相交、剪除 5 种方式,通过这 5 种布尔运算方式可以获得更加丰富的形状和样式。

2) Visio 开发人员模式介绍

在使用 Visio 软件绘图时,为了使用更多的功能,如编写宏,使用 ActiveX 控件,在Microsoft Visio 中创建新的形状和模具,对 Visio 的自带形状进行二次开发等,都需要打开开发人员模式选项。而在安装 Visio 软件时,该选项默认是关闭状态,因此需要添加"开发工具",添加方式为在"文件"菜单中"选项"下的"自定义功能区"中添加"开发工具"。

对于编程能力弱或者不会编程的人员来说,通过运用"开发工具"菜单下的"操作"各项功能,可以对 Visio 的基本形状进行再加工,从而构造出自己所需要的形状。Visio 中的操作即执行几何运算,如通过并集或片段将多个所选形状合并为一个形状。常用的操作如表 2-1 所示。

表 2-1 开发工具中的常用操作

操作名	操作前形状	操作后形状	说　明
联合			根据多个重叠形状的周长创建形状。类似数学中的并集,把两个形状合并在一起
组合			创建裁剪多个形状重叠部分的形状。和联合有点儿相似,唯一不同的是,组合会把形状相交的部分去掉
拆分			根据相交或重叠线将多个形状分为较小部分。实际上是以形状相交所形成新的形状为界限进行分割
相交			根据多个所选形状的重叠区域创建形状。把相交的部分留下,其余的去掉

续表

操作名	操作前形状	操作后形状	说　明
剪除	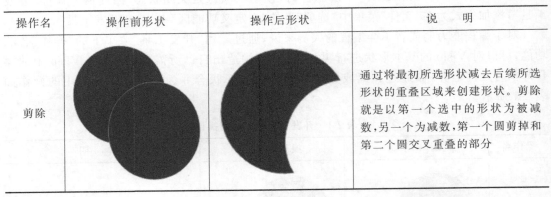		通过将最初所选形状减去后续所选形状的重叠区域来创建形状。剪除就是以第一个选中的形状为被减数，另一个为减数，第一个圆剪掉和第二个圆交叉重叠的部分

4. 实验操作指导

1）绘制三氧化二铁的还原实验

图 2-1 是一个中学化学课程中的实验演示图，本次实验将以图 2-1 为参照对象，利用 Visio 绘制一个相似的实验讲解模型。

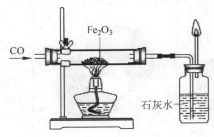

图 2-1　Fe_2O_3 的还原

（1）打开 Visio，选择"文件"→"基本框图"，创建一个新的基本框图，如图 2-2 所示。

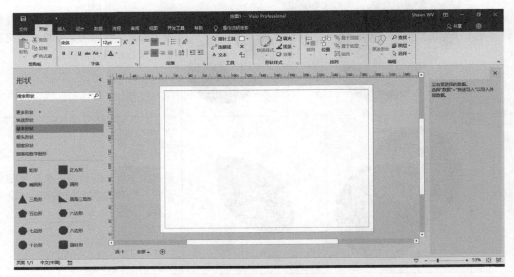

图 2-2　新建基本框图

（2）选择"文件"→"Visio 选项"→"自定义功能区"，将自定义功能区的开发工具勾选上，这样主菜单上就添加了"开发工具"菜单栏。添加过程如图 2-3 所示。

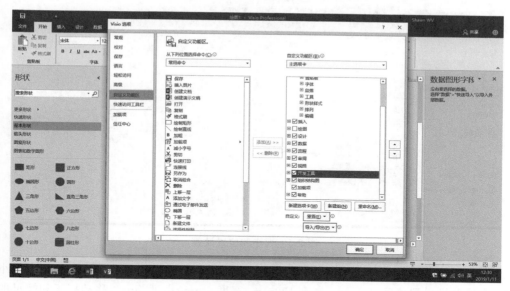

图 2-3　添加"开发工具"菜单

（3）铁架台的绘制：拖动一个矩形及同侧圆角矩形到绘图页，一大一小，选中这两个图形，然后选择"开发工具"→"形状设计"→"操作"→"剪除"，从矩形中剪除同侧圆角矩形，从而形成铁架台的底座 ▭。相关操作如图 2-4 所示。

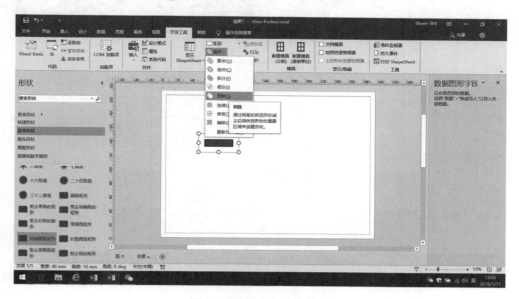

图 2-4　铁架台底座的绘制

选中 ▭，单击"视图"→"显示"→"任务窗格"→"大小和位置"，设置底座的宽度为 90mm，高度为 8mm，如图 2-5 所示。

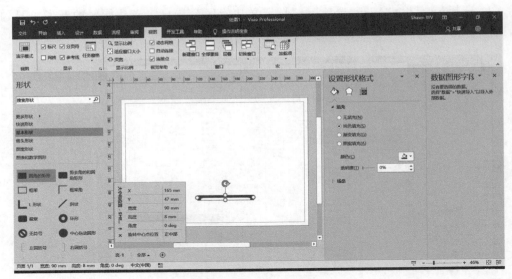

图 2-5　大小和位置设置

　　拖入两个圆角矩形,一个作为铁杆用,另一个作为固定铁杆和底座的螺母用,在"大小和位置"窗口分别设置成宽度4mm,高度130mm,宽度6mm,高度5mm,移动杆子和螺母的位置(可以选中形状用上下左右方向键缓慢移动,也可以按住 Shift 键按上下左右方向键做微调),选中三个形状,单击"开发工具"→"形状设计"→"操作"→"联合",将三个部件组成一个整体。操作如图 2-6 所示。

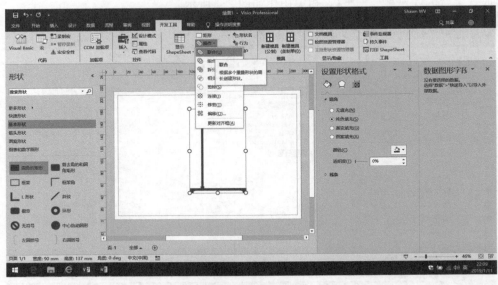

图 2-6　铁架台的组合

　　(4) 酒精灯的绘制:在绘图页上拖入一个五边形,再拖入一个圆角矩形,选中这两个图形后选择"操作"→"联合",将这两个形状组成酒精灯主体,如图 2-7 所示。

　　再拖入一个圆角矩形,在"大小和位置"窗口里设置宽度和高度,给酒精灯添加一个匹配的底部,选中酒精灯主体和底部,用"组合"菜单将两个图形组合,如图 2-8 所示。

图 2-7 酒精灯主体的绘制   图 2-8 酒精灯底部的添加

（5）火焰的绘制：拖入一个椭圆形，调整大小，选择"设置形状格式"→"渐变填充"→"无线条"；调整填充色使形状看起来像火焰。相关操作如图 2-9 所示。

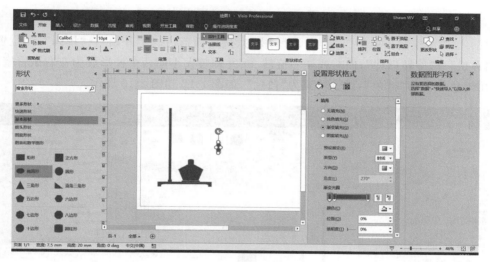

图 2-9 火焰的绘制

选中火焰形状，选择"开始"→"形状样式"→"效果"→"发光"，发光变体选择"发光；11 磅；蓝色，主题色 5"，为火焰添加蓝色的外焰。相关操作如图 2-10 所示。

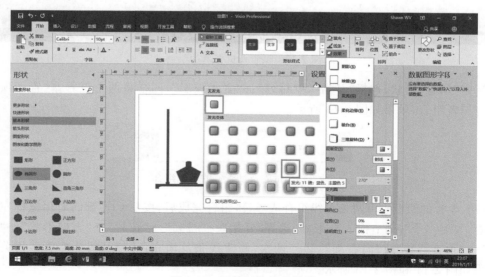

图 2-10 酒精灯外焰的设置

将火焰与酒精灯组合后效果如图 2-11 所示。

图 2-11　酒精灯与火焰组合

（6）试管的绘制：拖入一个矩形，两个梯形，选中梯形，选择"开始"→"排列"→"位置"→"方向形状"→"旋转形状"，向左或向右旋转 90°并调整大小使两个梯形成为左右试管塞。试管塞用纯色填充为"棕色"，试管填充为"白色"，如图 2-12 和图 2-13 所示。

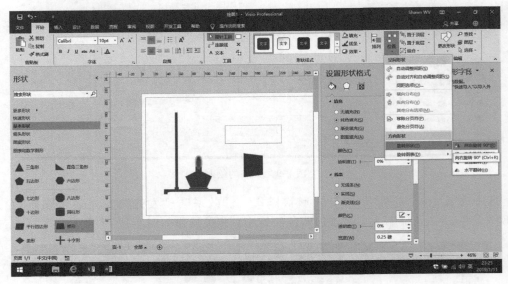

图 2-12　试管及试管塞的绘制

选中"试管"形状，选择"开始"→"排列"→"置于顶层"，同样将两个试管塞"置于顶层"，然后将三者组合，效果如图 2-13 所示。

图 2-13　试管及试管塞的填充组合

（7）导管的绘制：用两条直线组合成导管，组合完成后，按住 Ctrl 键同时用鼠标左键拖动导管，复制多个导管；拖入 L 形状，选择"开始"→"排列"→"位置"→"方向形状"→"旋转形状"→"垂直翻转"或"向右旋转 90°"两次，修改线条及填充色，使其成为弯管。相关操作及效果如图 2-14 和图 2-15 所示。

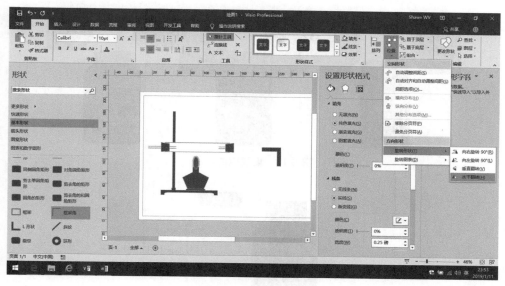

图 2-14 导管的绘制

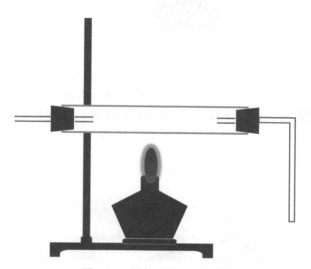

图 2-15 添加导管后的效果

（8）用相似的方法绘制试管夹、集气瓶、Fe_2O_3 粉末等。

用圆"剪除"矩形的一个角得到弧形切角的矩形 ，复制这个切角矩形后 "水平翻转"，这样得到左右两个切角的矩形，再将这两个切角矩形和圆角矩形组合好后选中并执行"拆分"，"拆分"后拖动形状就得到了一个集气瓶，如图 2-16 所示。

调整集气瓶的填充色及线条颜色粗细，拖入一个梯形执行"垂直翻转"后填充"棕色"制成瓶塞，如图 2-17 所示。

拖入一个矩形，右击选择"设置形状和格式"→"图案填充"和"无线条"，选择一种和水相似的图案形成瓶中水的图形 ，通过"置于顶层""置于顶层""上移一层""下移一层"调

图 2-16　集气瓶的绘制

图 2-17　集气瓶的填充

整集气瓶、瓶塞、导气管、水的图片的排列方式；复制酒精灯的火焰，调整其大小，并移动到导气管上（Shift＋↑ ↓ ← →组合键可以一次移动 1 像素来微调位置）；用矩形"剪除"或者"拆分"椭圆形成 ⬬ 图形，无线条，填充为类似铁锈红的颜色，即代表 Fe_2O_3 粉末；选中所有形状然后选择"组合"。整体效果如图 2-18 所示。

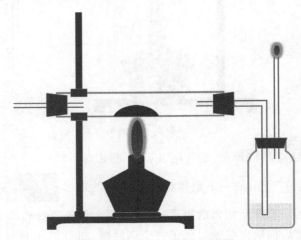

图 2-18　添加集气瓶后的效果

（9）输入文本：在文本框输入 $Fe_2O_3＋3CO \xlongequal{\quad} 2Fe＋CO_2$，右击选择"字体"→"常规"→"位置"→"下标"，修改化学方程式（修改好第一个下标后，可以用它作为格式刷去刷其他需要调整为下标的数字的格式），修改文本框的填充色和线条样式，美化文本框，如图 2-19 和图 2-20 所示。

$$Fe_2O_3+3CO=\!\!=2Fe+3CO_2$$

图 2-19　化学方程式的输入

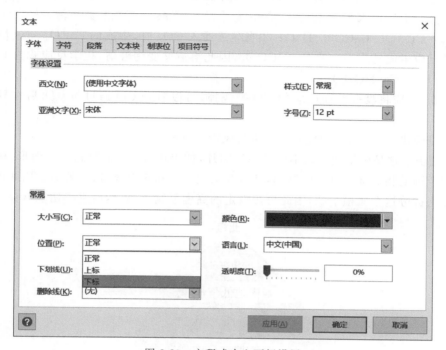

图 2-20　方程式中上下标设置

（10）美化图片：为图片添加背景及标题,选择"设计"→"背景"→"边框和标题"为图片添加一个背景页(背景为单独的一个页面),并将背景设置为"实心",标题为"字母"。美化后的效果如图 2-21 所示。

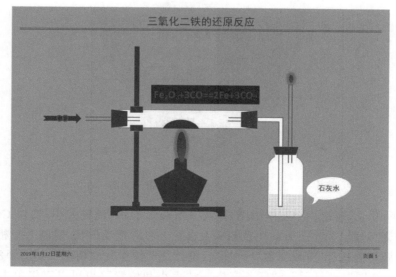

图 2-21　美化后的三氧化二铁还原演示图

图片分析说明：CO 与 Fe_2O_3 在高温下发生化学反应，生成 Fe 和 CO_2，化学方程式为 $Fe_2O_3+3CO \xlongequal{} 2Fe+3CO_2$。可以看到图中玻璃管处红色粉末逐渐变为黑色，同时生成的 CO_2 使澄清石灰水变浑浊，但一段时间后浑浊又变为澄清。这是因为：①开始时，少量的 CO_2 与澄清石灰水发生化学反应生成难溶性碳酸钙，溶液变混浊，化学反应式为 $Ca(OH)_2+CO_2 \xlongequal{} CaCO_3+H_2O$；②当继续通入 CO_2 时，生成的 $CaCO_3$ 与过量的 CO_2 发生化学反应生成易溶于水的 $Ca(HCO_3)_2$，因此溶液又变为澄清，化学反应式为 $CaCO_3+CO_2+H_2O \xlongequal{} Ca(HCO_3)_2$。

为了安全，应将没有参加反应的 CO 燃烧掉，可以看到 CO 通过石灰水后在导气管上燃烧。

2）绘制如图 2-22 所示的地球气压带与风带示意图

绘图思路：这是中学地理教学中的一幅图片，如果用 Visio 来绘制这个图形，橄榄形状可以用两个圆的相交部分进行绘制，总共有 5 个气压带和 6 个风带，这就需要用两种宽度不同的矩形来拆分这个橄榄形状，因此可按设定的高度复制矩形，然后进行切割拆分。

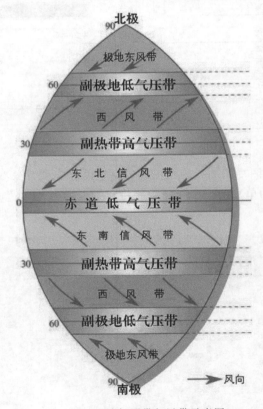

图 2-22　地球气压带与风带示意图

（1）打开 Visio，新建一个基本框图，拖入一个圆形形状，调整大小，按住 Ctrl 键并单击鼠标左键，当光标显示为左上方向黑色箭头及黑色＋号时拖动形状，复制一个相同的圆形形状，选中两个圆形并选择"开发工具"→"形状设计"→"操作"→"相交"，如图 2-23 所示。

（2）选择"视图"→"显示"→"任务窗格"→"大小和位置"（也可以直接单击下面状态栏

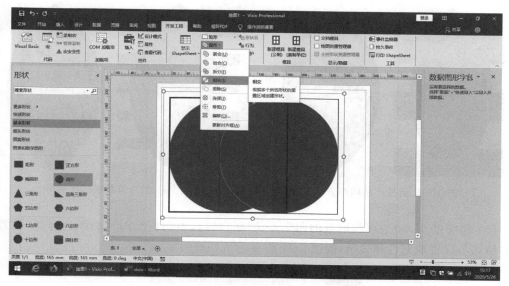

图 2-23　圆的相交操作

中的"宽度"或"高度"弹出"大小和位置"窗口），设置宽度为 90mm，高度为 180mm。相关操作如图 2-24 所示。

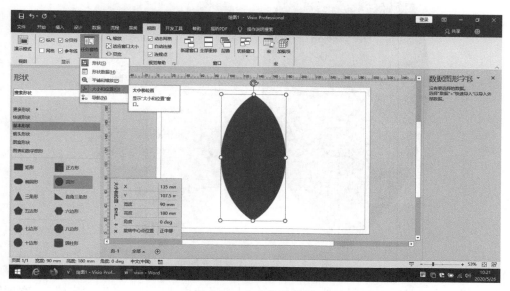

图 2-24　大小位置设置

（3）拖入一个矩形形状，设置高度为 30mm，然后复制两个同样的矩形，用这三个矩形来"拆分"椭圆形状，"拆分"后删除不需要的边角形状，选中切割后的所有形状后选择"开始"→"排列"→"组合"（非"操作"里的"组合"），如图 2-25 所示。

（4）再拖入一个矩形，设置高度为 12mm，复制多个并排列好，将椭圆形状置于顶层，按 Shift＋箭头组合键调整位置，然后选中所有图形后选择"拆分"，拆分后删除不需要的边角形状；再次选中所有图形后选择"开始"→"排列"→"组合"，如图 2-26 所示。

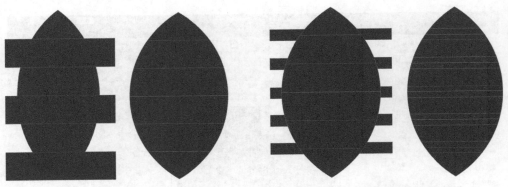

图 2-25　橄榄形状的拆分　　　　　　　　图 2-26　橄榄形状的二次拆分

（5）将纬度 0°, 30°, 60°线附近的两个形状"联合"后，参照所给图片的颜色选择"设置形状和格式"，设置填充色和线条，如图 2-27 所示。

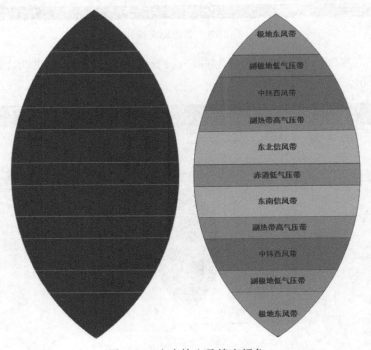

图 2-27　文本输入及填充颜色

（6）用弧形工具手工绘制弧线，然后选择"设置形状格式"→"线条"→"实线"，"宽度"设置为 2 磅，"开始箭头类型"或者"结尾箭头类型"选择为"缩进实心箭头"。

（7）美化图片：添加箭头，线条刻度，并设置背景，如图 2-28 所示。

分析解释说明（看图说话）：在忽略地表高低起伏、海陆分布差异的情况下，由于三圈环流，在气压带之间形成了全球性大气环流。全球性大气环流分布在不同纬度位置，形成了不同性质的大气水平运动地带，叫作风带。风带共有 6 个，即极地东风带，中纬西风带和东北（南）信风带，南北半球相似。其产生原因主要是三圈环流，分别为：0°～30°低纬环流，30°～60°中纬环流，60°～90°高纬环流。简化模型后（认为大气在均匀地面上运动，忽略海陆因素等

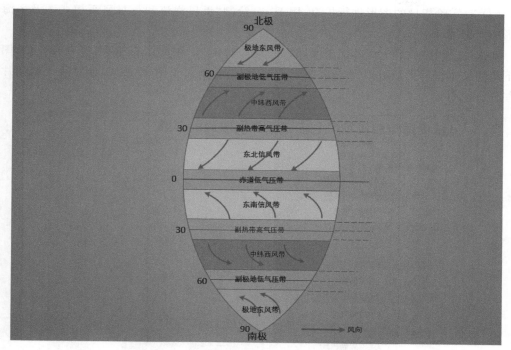

图 2-28 美化后的地球气压带与风带示意图

对风带的影响),在气压梯度力作用下产生大气的三圈环流,形成了赤道低气压带,副热带高气压带,副极地低气压带和极地高气压带。在地转偏向力(北半球向右,南半球向左)作用下,使得 0°~30°处近地面为东北风,即东北信风。同理,产生了剩余的几个风带。同时,在海陆热力差异和地形因素的影响下,形成了如西伯利亚高压一样的高(低)压中心,随季节变化,出现了季风环流(气压带风带的季节位置移动也是成因之一)。

5. 实验任务

(1)对实验指导中的最后图形稍做调整,参照图 2-29,用 Visio 绘制氧化铜的还原实验图。

要求:绘制完成后为图片加上水印,如"18101040203 张三版权所有,违者必究!",图片右下角用文本框写上"18101040203 张三于 20190106 制作于图文 414",并对所绘制图片做一些分析说明。

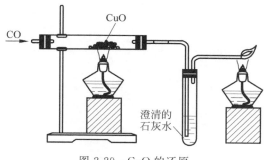

图 2-29 CuO 的还原

（2）对实验指导的图形进行扩充，用 Visio 绘制"世界洋流和行星风系模式图及风海流的形成"，即图 2-30。

要求：绘制完成后为图片加上水印，如"18101040203 张三版权所有，违者必究！"，图片右下角用文本框写上"18101040203 张三于 20190106 制作于图文 414"，并对所绘制图片做一些分析说明。

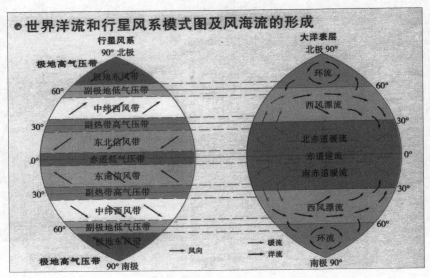

图 2-30　世界洋流和行星风系模式图及风海流的形成

实验

营销图表的绘制

1. 实验目的及要求

熟悉 Visio 营销图表的绘制方法，熟练掌握营销图表绘制的相关功能；理解常用的营销分析方法和技术，如 SWTO 分析、波士顿矩阵图、Ansoff 矩阵；先完成实验指导中的相关操作内容，在此基础上经过思考后独立完成实验任务，并撰写实验报告。本次实验 4 学时，属于综合性实验。

2. 实验环境

硬件需求：计算机，每位学生 1 台。

软件：Windows 操作系统，Microsoft Visio 软件，浏览器，学生客户端控制软件，文件上传下载软件。

3. 实验准备

1）实验相关背景理论概念

波士顿矩阵，又称市场增长率-相对市场份额矩阵、四象限分析法、产品系列结构管理法等，是由美国著名的管理学家、波士顿咨询公司创始人布鲁斯·亨德森于 1970 年首创的一种用来分析和规划企业产品组合的方法。这种方法的核心在于，要解决如何使企业的产品品种及其结构适合市场需求的变化，只有这样，企业的生产才有意义。同时，如何将企业有限的资源有效地分配到合理的产品结构中去，以保证企业收益，是企业在激烈竞争中能否取胜的关键。

问题类产品：这类产品线具有高的市场增长率和低的市场占有率，需要投入大量资金，以提高其市场占有率，但有较大的风险，需慎重选择。

明星类产品：这类产品线市场增长率和市场占有率都很高，具有一定的竞争优势。但由于市场增长率很高，竞争激烈，为了保持优势地位需要许多资金，因而并不能为企业带来丰厚的利润。但当市场占有率很高且增长率放慢后，它就转变为金牛类产品，可为企业创造大量利润。

金牛类产品：这类产品线有高的市场占有率和低的市场增长率，收入多利润大，是企业利润的源泉。企业常用金牛类产品线的收入来支付账款，支持明星类、问题类和瘦狗类产品线。

瘦狗类产品：这类产品线的市场增长率和市场占有率都很低，在竞争中处于劣势，是没有发展前途的，应逐步淘汰。

波士顿矩阵认为一般决定产品结构的基本因素有两个：市场引力与企业实力。市场引力包括企业销售量（额）增长率、目标市场容量、竞争对手强弱及利润高低等，其中最主要的是反映市场引力的综合指标——销售增长率，这是决定企业产品结构是否合理的外在因素。企业实力包括市场占有率、技术、设备、资金利用能力等，其中市场占有率是决定企业产品结构的内在要素，它直接显示出企业竞争实力。销售增长率与市场占有率既相互影响，又互为条件：市场引力大，销售增长率高，显示产品发展的良好前景，企业也具备相应的适应能力，实力较强；如果仅市场引力大，而没有相应的高销售增长率，则说明企业尚无足够实力，该种产品也无法顺利发展。另一方面，企业实力强，而市场引力小的产品也预示着该产品的市场前景不佳。通过以上两个因素相互作用分析，会出现四种不同性质的产品类型，形成不同的产品发展前景：①销售增长率和市场占有率"双高"的产品群(明星类产品)；②销售增长率和市场占有率"双低"的产品群(瘦狗类产品)；③销售增长率高、市场占有率低的产品群(问题类产品)；④销售增长率低、市场占有率高的产品群(金牛类产品)。

SWOT 四个英文字母分别代表：优势(Strength)、劣势(Weakness)、机会(Opportunity)、威胁(Threat)。SWOT 分析又叫态势分析，就是将与研究对象密切相关的各种主要内外部优势、劣势、机会和威胁等，通过调查列举出来，并依照矩阵形式排列，然后用系统分析的思想，把各种因素相互匹配起来加以分析，从中得出一系列相应的结论，而结论通常体现一定的决策性。运用这种方法，可以对研究对象所处的情景进行全面、系统、准确的研究，从而根据研究结果制定相应的发展战略、计划以及对策等。SWOT 分析法常常被用于制定企业发展战略和分析竞争对手情况，在战略分析中，它是最常用的方法之一。

2）因果分析法

因果图分析法就是将造成某项结果的众多原因进行图解，通过图形来分析产生问题的原因，以及由此原因所导致的结果的一种分析方法。因其形状如鱼骨，所以又叫鱼骨图，它是一种透过现象看本质的分析方法。鱼骨图与"头脑风暴"法结合起来是一种发现问题"根本原因"的有效方法。鱼骨图由日本管理大师石川馨先生所发明，故又名石川图。

3）营销图表的适用场景

使用营销类图表模板创建绘图可以用于流程建模、基准测试、模拟和改进、路径布线、时间和成本分析、基于活动的成本计算、产品阵容、范围和市场营销组合、产品生命和采用周期、市场和资源分析以及定价矩阵。

4. 实验操作指导

1）波士顿矩阵图的绘制

(1) 打开 Visio，选择"新建"→"商务"→"营销图表"，如图 3-1 和图 3-2 所示。

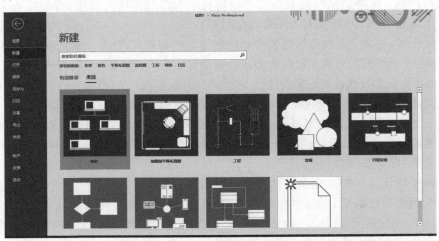

图 3-1　商务模板选择

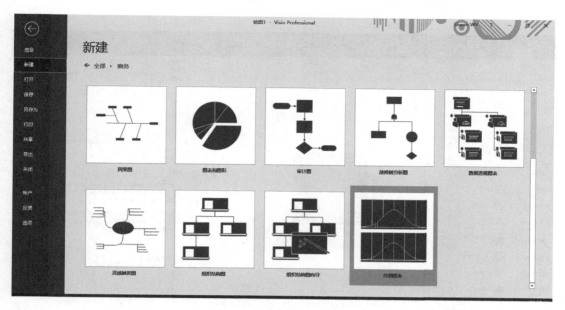

图 3-2　营销图表选择

（2）选择"设计"→"页面设置"→"纸张方向"→"横向"，如图 3-3 所示。

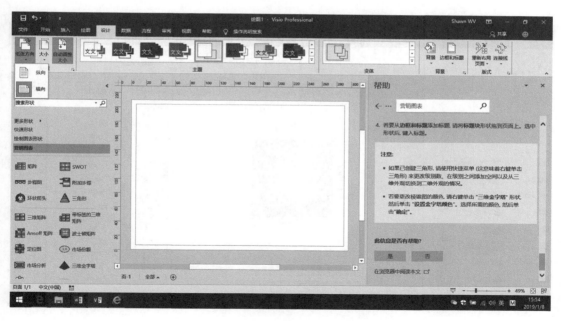

图 3-3　设置横向页面

（3）将左侧"形状"窗口中的"营销图表"模具中的"波士顿矩阵"形状拖入绘图页中，如图 3-4 所示。

（4）选择形状，右击后弹出快捷菜单，选择"设置形状格式"→"填充"，设置选择自己喜爱的填充效果及线条，如图 3-5 所示。

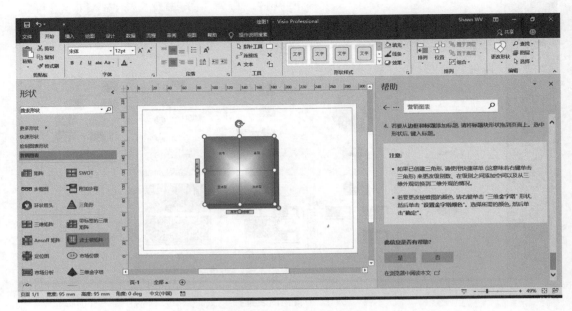

图 3-4　拖入波士顿矩阵形状

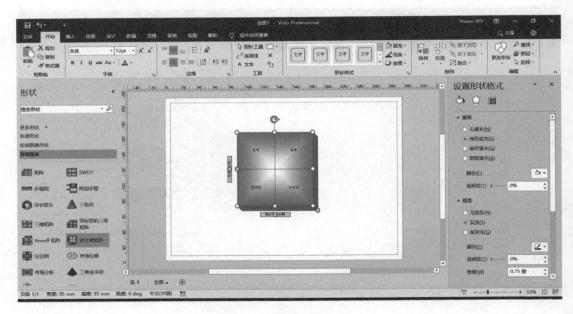

图 3-5　设置形状格式

（5）在左侧"形状"窗口中选择"更多形状"→"商务"→"灵感触发"→"图例形状"，在左侧形状窗口面板中添加"图例形状"模具，如图 3-6 所示。

（6）从"图例形状"中拖入"疑问"和"星型"图形到波士顿矩阵图上，如图 3-7 所示。

（7）选择"插入"→"插图"→"联机图片"，在联机图片搜索文字栏内输入"牛"和"狗"，在

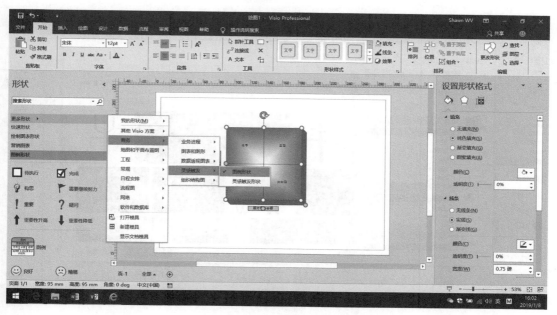

图 3-6 形状窗口中添加图例形状

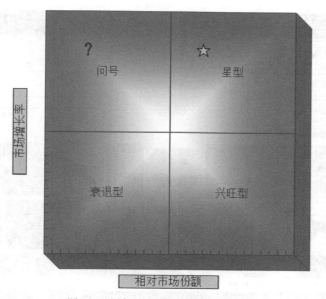

图 3-7 添加形状后的波士顿矩阵图

搜索结果中选择合适的"牛"和"狗"的图片并将图片插入到当前页,调整图片大小,如图 3-8 和图 3-9 所示。

（8）插入"牛"和"狗"的图片后效果如图 3-10 所示。

（9）输入相关文字,并为图例添加箭头,将左侧"形状"窗口"图例形状"中的"重要性升高"和"重要性降低"形状拖入到当前页,并更改填充色(选择指针工具,选中箭头,按住 Ctrl 键同时用鼠标左键拖动可以复制箭头,旋转箭头方向,选中箭头,单击工具栏中"文本块"选

图 3-8　联机搜索牛的图片

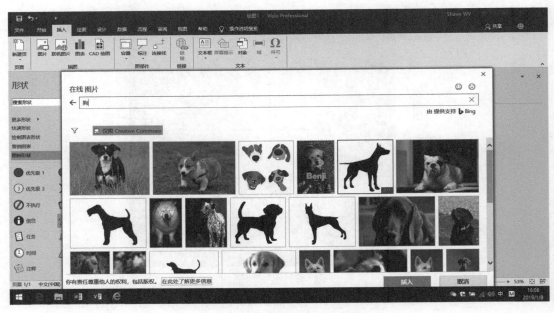

图 3-9　联机搜索狗的图片

择文本块；也可在左侧"形状"窗口中选择"更多形状"→"常规"→"基本形状"，将"基本形状"添加到左侧形状窗口中，然后从"基本形状"中选择箭头），如图 3-11 所示。

（10）最后对所绘制的图形做一些美观优化，如添加背景、大小调整、更改填充色及线条等。运用波士顿矩阵图对企业产品进行分类评估，分析产品线的组合是否健康，如图 3-12 和图 3-13 所示。

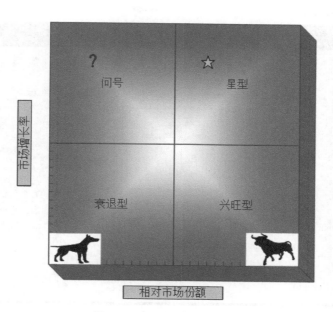

图 3-10 插入图片后的效果

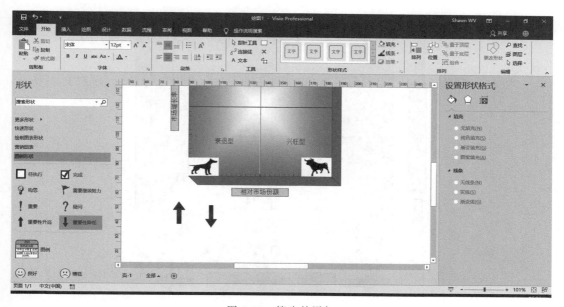

图 3-11 箭头的添加

图 3-13 是以宝洁公司系列洗发水产品为例来进行波士顿矩阵分析,从图中可以清晰地看出,以飘柔、海飞丝、潘婷为首的产品市场占有率很高,可以归类为金牛类产品,是企业利润的最大来源,需努力保持市场份额;沙宣品牌产品通过不断的资金投入及广告宣传,市场占有率在不断增长,因此可归类为明星类产品;而原先为了抵抗联合利华的夏士莲黑芝麻,进行产品线补遗,孕育而生的针对东方国家草本自然黑发市场的润妍,多年来市场占有率及增长率依然很低,被归类为瘦狗类产品,需要逐渐淘汰该产品。从当前的市场情况来分析,

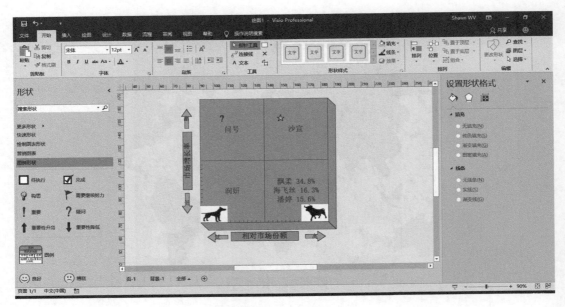

图 3-12 添加背景

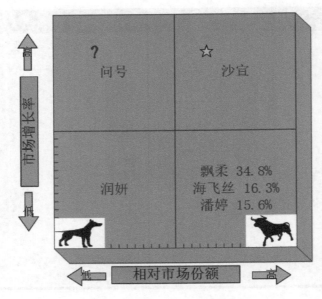

图 3-13 美化后的波士顿矩阵图

宝洁公司的主要利润来源还是来自于以飘柔为首的传统品牌,但为了提高企业未来产品的竞争力,宝洁公司还需不断完善产品线,扩大明星类产品。

2)用三维金字塔图绘制高校分层图

(1)打开 Visio,选择"新建"→"商务"→"营销图表"。拖入"三维金字塔"模具,在弹出的"形状数据"对话框中设置"级别数"为"4",金字塔颜色选择"绿色"或者"蓝色",如图 3-14所示。

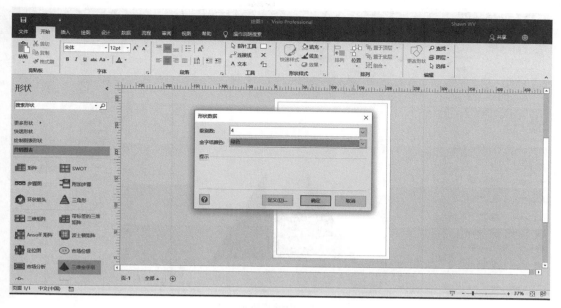

图 3-14　金字塔形状数据

（2）选中"三维金字塔"形状，在"设置形状格式"窗口中将线条设置为"实线"，如图 3-15 所示。

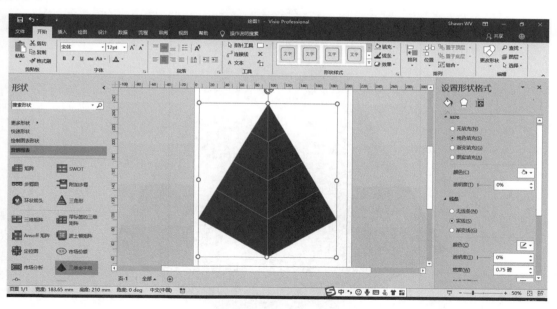

图 3-15　设置形状格式

（3）利用空格键、换行键、左右及居中对齐等功能添加并修改文本，如图 3-16 所示。

（4）调整填充色、文字大小及颜色，使文字清楚，层次分明，如图 3-17 所示。

（5）在底部"页-1"名字上右击，在快捷菜单中选择"插入"插入背景页，弹出如图 3-18 所示的背景页"页面设置"对话框。

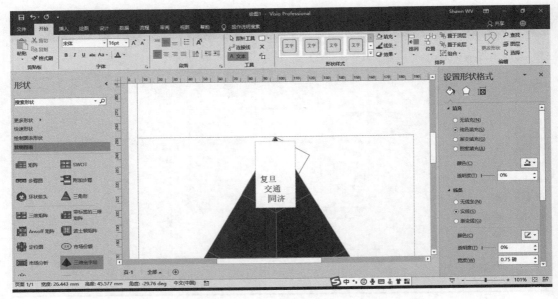

图 3-16　为形状添加文本

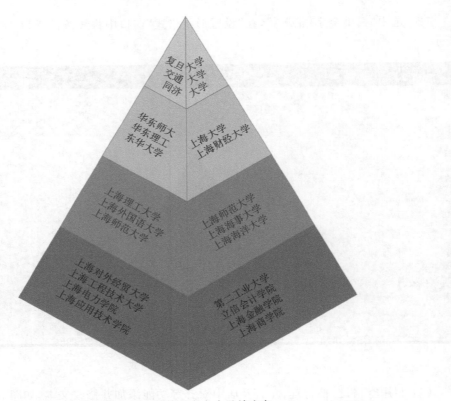

图 3-17　调整文本大小及填充色

（6）在当前背景页工作窗口中选择"插入"→"插图"→"图片"，插入所在学校的图片，效果如图 3-19 所示。

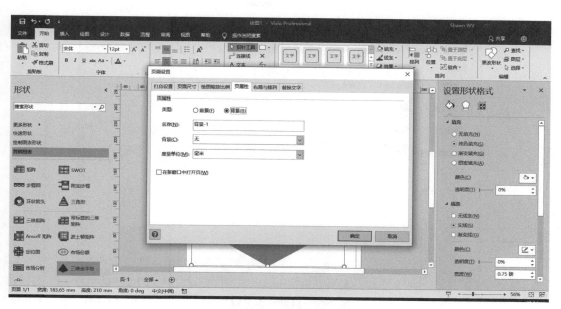

图 3-18 插入背景页

图 3-19 背景页插入图片

（7）在页 1 的"页面设置"里将页 1 的背景设置为"背景 1"，如图 3-20 和图 3-21 所示。

（8）调整美化图形，并对图形所表达的内容做文字分析说明，如图 3-22 所示。

上海市教委将高校分为学术研究型、应用研究型、应用技术型、应用技能型四类，并出台了高校分类管理指导意见，不同高校各归其类、执行相应标准。在上海三十多所本科高校中，既有国家重点建设的研究型高校，也有面向上海地方经济的应用技术型高校，在这些高校中，复旦大学、上海交通大学、同济大学处于金字塔的顶端，是典型的研究型大学；而处于第二层次的是一些应用研究型大学，这些高校办学时间较长，具有一定的研究基础或行业特

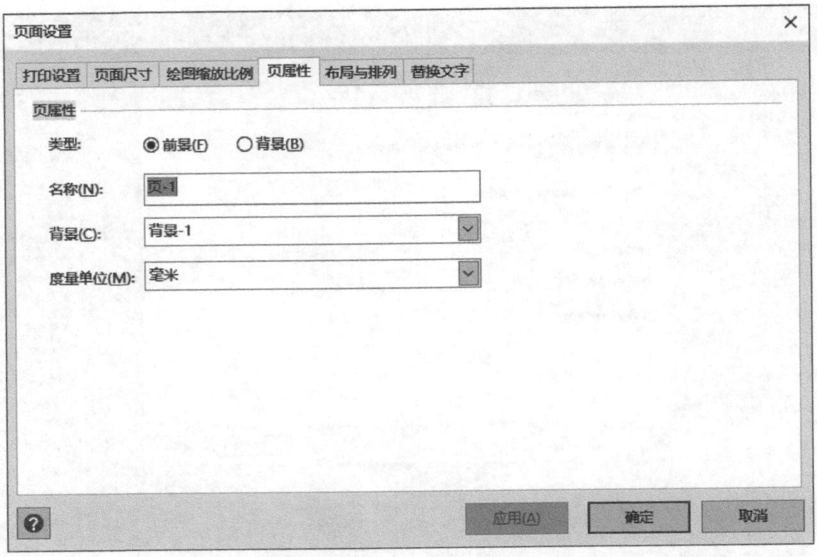

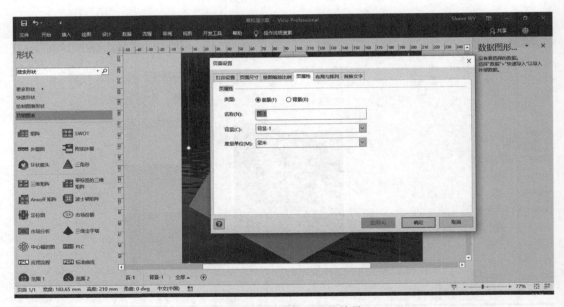

图 3-20　前景页绑定背景页

图 3-21　添加背景页后的效果

长；处于金字塔第三层次及第四层次的可归类于应用型大学,并有一定的办学特色和办学特长,这些应用型大学以应用型为办学定位。上海市教委也出台了《上海高校分类评价指标》,通过分类评价"指挥棒",引导高校各安其位、各展所长、办出特色、创出一流。作为应用型高校的归类,上海商学院提出了坚持"以商立校、应用为本"的办学理念,注重应用研究,坚持符合社会需要、紧贴行业需求的学科专业建设为导向的办学思路,以更好地立足行业,突出应用,服务上海,面向全国。

图 3-22　美化后的效果图

5. 实验任务

（1）绘制如图 3-23 所示的因果分析图（"商务"模板类中的"因果图"），并对所绘制的图片做一些文字说明分析。

要求：版权水印为"华文彩云 36Pt"，"排列"选"置于底层"；右下角"文本框"签名栏改为自己的学号姓名，字体为"华文仿宋 16Pt"，图案填充为"深色上对角线"，"前景"为标准橙色，透明度为 50％，"无线条"，为图片添加自己喜爱的背景。

（2）用"营销图表"中的"三角形"形状绘制如图 3-24 所示的食品安全金字塔图，并对所绘制的图片做一些文字说明分析。

要求：版权水印为"华文彩云 36Pt"，"排列"选"置于底层"；右下角"文本框"签名栏改为自己的学号姓名，字体为"华文仿宋 16Pt"，图案填充为"深色上对角线"，"前景"为标准橙色，透明度为 50％，"无线条"。

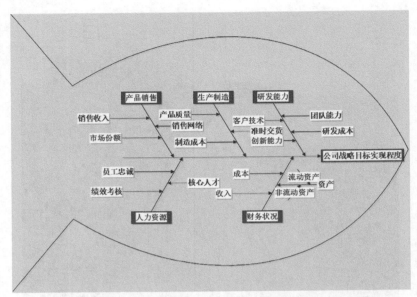

图 3-23　公司战略目标实现程度因果关系图

图 3-24　食品安全金字塔图

实验 4

组织结构图的绘制

1. 实验目的及要求

熟悉组织结构图绘制的相关功能,熟练掌握 Visio 中组织结构图的绘制方法;能熟练地将组织结构图导出到外部存储文件中,能通过已有的外部数据文件自动创建组织结构图。首先完成实验指导中的操作内容,在此基础上经过思考后独立完成实验任务,并撰写实验报告。本次实验 4 学时,属于综合性实验。

2. 实验环境

硬件需求:计算机,每位学生 1 台。

软件:Windows 操作系统,Microsoft Visio 软件,浏览器,学生客户端控制软件,文件上传下载软件。

3. 实验准备

1) 实验相关的组织理论概念

管理的组织职能即进行组织授权、实现组织目标、对组织任务及资源进行整合。

管理幅度:管理人员所能直接管理或控制的下属数量。影响管理幅度的因素有:工作能力,工作内容和性质(主管所处的层次、下属工作的相似性、计划的完善程度、非管理事务的多少),工作条件(助手配备情况、信息手段的配备情况、工作地点的相似性),工作环境。

管理层次:在职权等级链上所设置的管理职位的级数。当组织规模相当有限时,一个管理者可以直接管理每一位作业人员的活动,这时组织就只存在一个管理层次。而当组织规模的扩大导致管理工作量超出了一个人所能承担的范围时,为了保证组织的正常运转,管理者就必须委托他人来分担自己的一部分管理工作,这使管理层次增加到两个层次。随着组织规模的进一步扩大,受托者又不得不进而委托其他的人来分担自己的工作,以此类推,而形成了组织的等级制或层次性管理结构。

组织结构是表明组织各部分排列顺序、空间位置、聚散状态、联系方式以及各要素之间相互关系的一种模式,是整个管理系统的"框架"。组织结构是组织的全体成员为实现组织目标,在管理工作中进行分工协作,在职务范围、责任、权利方面所形成的结构体系。

组织设计有三个步骤,即职务设计与分析、部门划分、结构的形成。设计组织结构是执行组织职能的基础工作,组织设计的任务是提供组织结构和编制职务说明书。在设计组织结构时,管理层次与管理幅度的反比关系决定了两种基本的管理组织结构形态:扁平结构和锥型结构。

(1)扁平结构:组织规模已定、管理幅度较大、管理层次较少的一种组织结构形态。层次少,信息传递的速度快,高层可尽快发现信息所反映的问题并及时纠偏,信息传递的失真小;但是过大的管理幅度,导致主管不能对每位下属进行充分有效的指导和监督,每个主管从较多的下属那里获取信息,可能掩盖最重要最有价值的信息,从而可能影响信息的及时利用。

(2)锥形结构:管理幅度较小、管理层次较多的高、尖、细的金字塔形态。较小的管理幅度可以使每位主管仔细研究下属的有限信息,并对每个下属进行详尽指导;但过多的管理层次,影响信息从基层到高层的速度,信息经过的层次太多,各层主管加入自己的理解和认识,信息在传递过程中容易失真。过多的管理层次,主管会感到自己在组织中的地位相对渺小,影响积极性的发挥,计划控制复杂。

2)组织结构图

组织结构图可以清楚地展现出上述组织理论的基本思想,它是一个包含组织管理等级、部门设计和职权关系的图表,常用于显示雇员、职务和组之间的关系。组织结构图中的每个方框代表了组织内的一个部门(职位),每一条直线体现了两个职位或部门间的隶属关系和权力关系。组织结构图体现了组织内部的管理层次、命令链、部门和工作类型、部门化(工作团队)。图 4-1 就是一个常见的组织结构图。

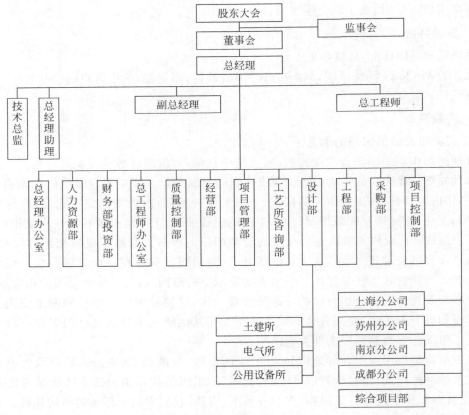

图 4-1 组织结构图示例

4. 实验操作指导

Visio 中组织结构图是一个表示层次结构的图表,它通常用于显示员工、职务和组之间的关系,组织结构图的绘制范围可以从简单图表到基于来自外部数据源信息的大而复杂的图；Visio 中组织结构图的形状不仅可以显示基本信息(如姓名和职务)或详细信息(如部门和成本中心)，还可将图片添加到组织结构图形状中。

1) 简单组织结构图绘制

此方法适用于创建带默认信息域的小型组织结构图，系统默认域为：部门、电话、姓名、职务、电子邮件。

操作步骤如下。

(1) 打开 Visio，选择"文件"→"新建"→"商务"→"组织结构图"，如图 4-2 所示。

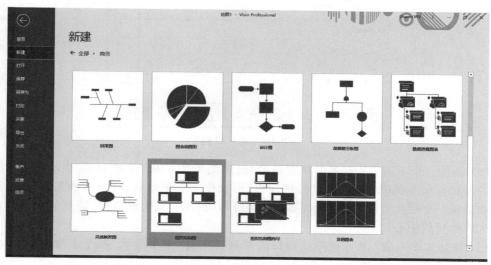

图 4-2　新建组织结构图

(2) 从左侧形状窗口的"面板-组织结构图形状"模具中，将组织结构中的顶层形状(如"高管面板")拖动到绘图页中，双击该形状，在文本块中输入姓名和职务，例如，总经理的姓名为李文俊，他的职务为"总裁"，如图 4-3 所示。

图 4-3　添加高管形状

也可选择该形状,右击后弹出快捷菜单,选择"属性"进行输入,如图 4-4 所示。

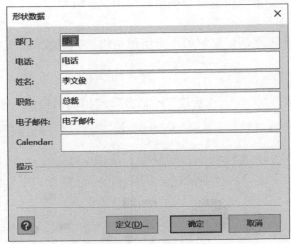

图 4-4　属性设置

　　(3) 添加一个下属:从左侧形状窗口的"组织结构图形状"模具中,将表示第一个下属人员的形状拖至上级形状上,如将"经理面板"形状拖至上级形状,并输入姓名和职务,这样就自动链接一个层次中的两个形状,如图 4-5 所示(提示:要生成链接,需要将下属形状拖动至上级形状的中心)。

　　(4) 添加多个下属:从左侧形状窗口的模具栏中将"多个形状"拖至上级形状中,并输入姓名和职务,如图 4-6 和图 4-7 所示。

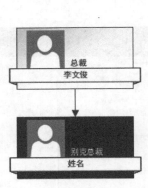

图 4-5　添加单个下属

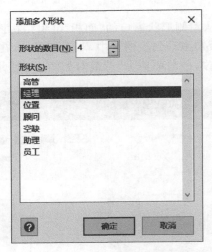

图 4-6　添加多个下属

　　(5) 为"总裁"增加一个助理,将"助理面板"形状拖至绘图页中并用"动态连接线"连接。

　　(6) 为形状添加图片:选中"总裁"形状,右击后弹出快捷菜单,选择"图片"→"更改图片"为总裁增加头像,效果如图 4-8 所示。

　　(7) 添加名称日期:将"标题/日期"形状拖至绘图页中合适位置,公司名称输入"通用公司",如图 4-9 所示。

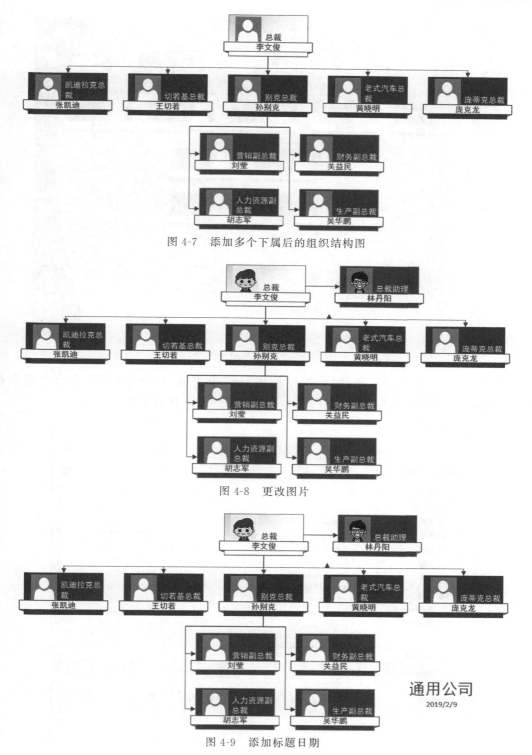

图 4-7 添加多个下属后的组织结构图

图 4-8 更改图片

图 4-9 添加标题日期

（8）添加背景：选择"设计"→"背景"→"背景"，为组织结构图选择"技术"背景，如图 4-10 所示。

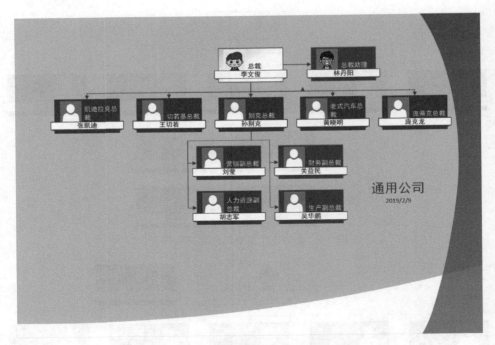

图 4-10　添加背景后的效果

（9）导出组织结构图：选择"组织结构图"→"组织数据"→"导出"，保存类型选择"Microsoft Excel 工作簿"，如图 4-11 所示，文件名用学号＋姓名全拼。

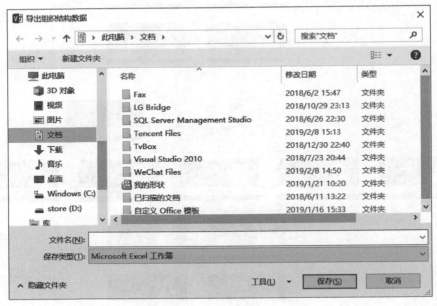

图 4-11　导出数据

2）从数据文件自动创建组织结构图

如果在 Excel 工作表、文本文件、Exchange Server 目录等数据源文档中保存了所有雇员信息，数据源需要具有雇员姓名、唯一标识符和雇员要向其报告的人员的列，Visio 可通过该文件生成添加形状和连接线的图表。在实际工作中经常将员工姓名、职位、隶属结构等信息按一定的格式存储在 Excel 文件中,因此可以利用 Visio 的此功能直接将 Excel 表格导入到 Visio 并快速转换成组织结构图,需要注意的是,在 Excel 表格中必须有一列数据表达出隶属关系才可以转换。

(1)选择"文件"→"新建"→"商务"→"组织结构图向导",在向导的第一个页面上选中"使用向导输入的信息"单选按钮,如图 4-12 所示,然后单击"下一步"按钮。

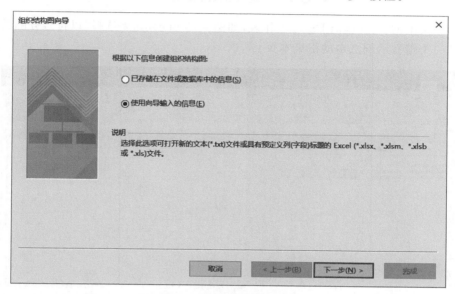

图 4-12　组织结构图向导

(2)选择 Excel,用自己的姓名全拼作为新建的 Excel 文件名,如图 4-13 所示。然后单击"下一步"按钮,弹出一个文本示例的提示对话框,如图 4-14 所示,单击"确定"按钮,打开一

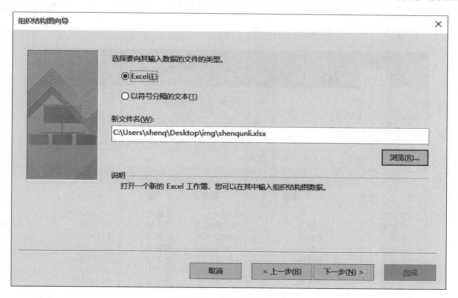

图 4-13　导入到 Excel

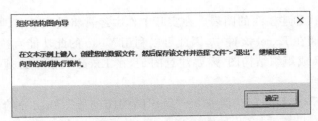

图 4-14　组织结构图输入提示

个带有示例文本的 Microsoft Excel 工作表,如图 4-15 所示(如果选择"以符号分隔的文本",则会打开一个带有示例文本的记事本页)。

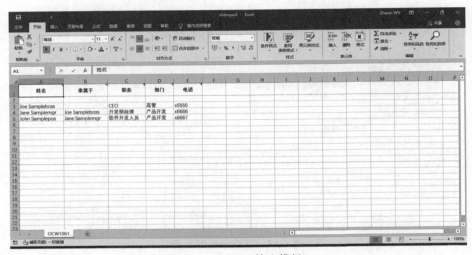

图 4-15　Excel 输入模板

(3) 参照如图 4-15 所示的示例文本格式,直接在 Excel 文件里输入想要建立的组织结构图信息(CEO 改成自己的名字,其他名字随取),如图 4-16 所示(注:需要保留"姓名"和"隶属于"列,其他列可以更改、删除或添加)。

	姓名	隶属于	职务	部门	电话	
1						
2	沈群力		CEO	总经理	67109289	
3	李建波	沈群力	开发部经理	开发部	67105623	
4	张辉	沈群力	财务部经理	财务部	67108976	
5	王文珏	沈群力	销售部经理	销售部	67103147	
6	李强	李建波	系统设计师	开发部	67103145	
7	黄勇明	李建波	系统分析师	开发部	67102981	
8	马永震	李建波	软件测试员	开发部	67105492	
9						

图 4-16　Excel 中输入相关信息

（4）输入完毕，保存并退出 Excel，弹出如图 4-17 所示的对话框，提醒需要为组织结构图中人物自动添加图片的文件夹（网上下载一些头像，并按照刚才 Excel 文件里输入的姓名来命名图片并保存于一个文件夹中，如图 4-18 所示）。

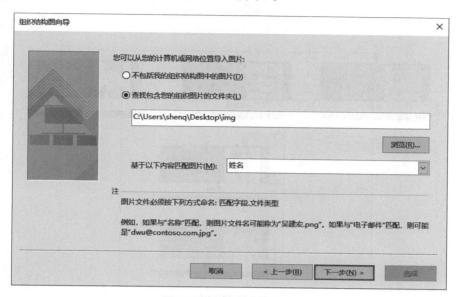

图 4-17 添加图片文件夹

shenqunli　　黄勇明　　李建波　　李强　　马永震　　沈群力　　王文珏　　张辉

图 4-18 命名文件夹内图片

（5）图片文件准备完成后单击"下一步"按钮，弹出如图 4-19 所示的对话框。

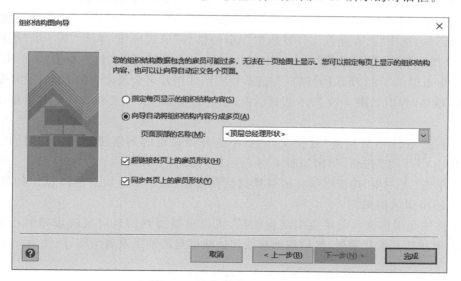

图 4-19 组织结构图页面设置

（6）单击"完成"按钮，生成如图 4-20 所示的组织结构图。

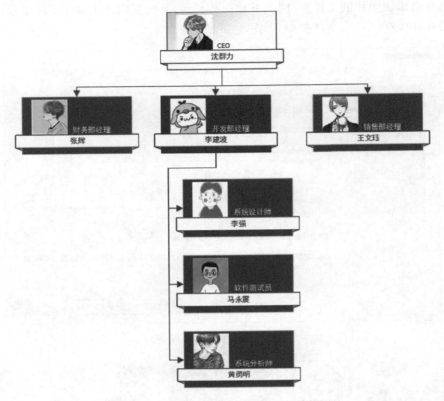

图 4-20　由 Excel 数据生成的组织结构图

（7）最后调整位置，添加标题、背景等，美化组织结构图。

3）使用现有数据源自动创建组织结构图

此方法适用于存储于某一文档（如 Excel 工作表）中的组织结构图。

（1）新建一个空白组织结构图，选择"组织结构图"→"组织数据"→"导入"，弹出如图 4-21 所示的对话框，选中"已存储在文件或数据库中的信息"单选按钮，单击"下一步"按钮，弹出如图 4-22 所示的对话框，选择"文本、Org Plus（＊.txt）或 Excel 文件"，单击"下一步"按钮。

（2）单击如图 4-23 所示的"浏览"按钮，找到刚才用姓名全拼命名的 Excel 文件后，单击"下一步"按钮，弹出如图 4-24 所示的对话框，在对话框中选择需要包含的信息后单击"下一步"按钮。

（3）在图 4-25 中从左侧"数据文件列"中选择要显示的列字段添加到右侧的"显示字段"后，单击"下一步"按钮，弹出如图 4-26 所示的对话框。

（4）单击"下一步"按钮继续完成后续对话框操作，最后生成如图 4-27 所示的显示多个字段信息的组织结构图。

（5）使用小组框架：创建组织结构图后，可以重新排列信息以反映虚拟的小组关系。移动相关形状使其彼此靠近，然后添加虚线连接线以显示辅助隶属结构，或使用"小组框架"

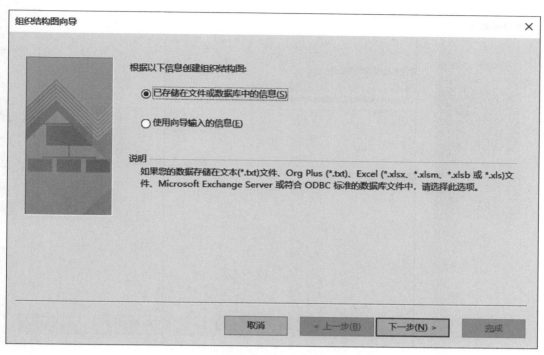

图 4-21　使用存储文件创建组织结构图

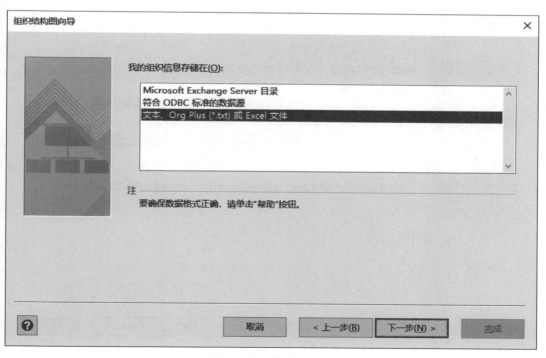

图 4-22　文件类型选择

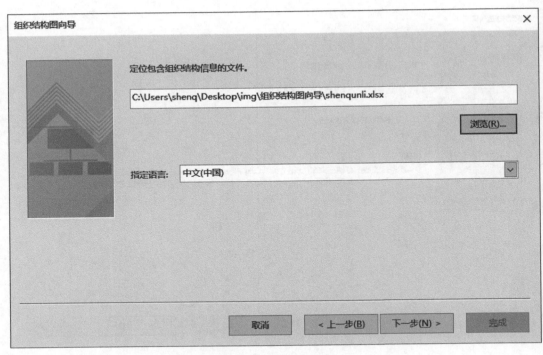

图 4-23　设置文件位置

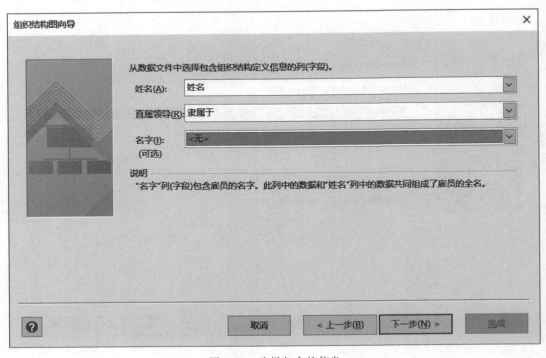

图 4-24　选择包含的信息

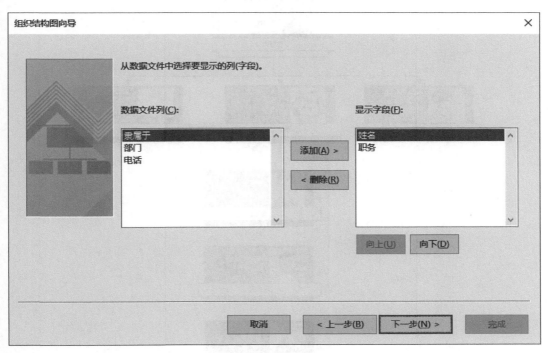

图 4-25 选择列字段

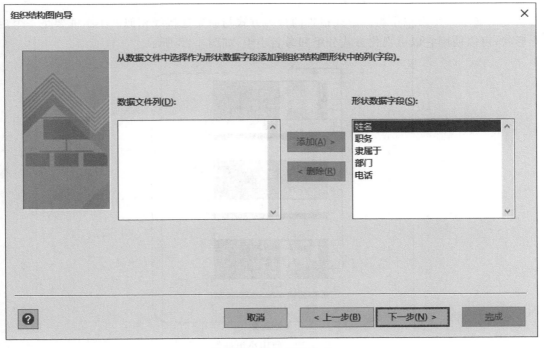

图 4-26 选择字段完成

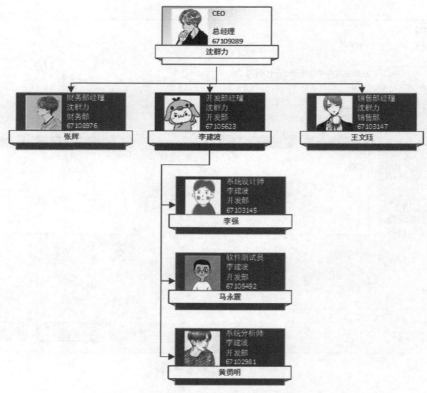

图 4-27　显示多个字段信息的组织结构图

形状突出显示一个虚拟小组。虚线报告的行为方式与原始连接线相似。小组框架是一个矩形形状,可以使用它以可视化方式分组和命名小组,如图 4-28 所示。

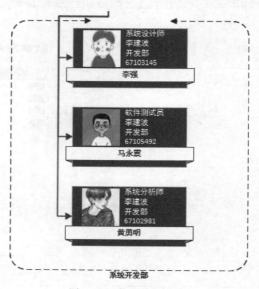

图 4-28　使用小组框架

5. 实验任务

(1) 绘制如图 4-29 所示的组织结构图并将组织结构图中的数据导出到一个文本文件中。添加人物头像,添加一个"都市"的边框和标题,标题名为"泰康医疗器械公司组织结构图",使用"活力"背景,使用"小组框架"突出显示"销售和营销"小组。

要求:绘制完成后为图片加上水印,如"18101040203 张三版权所有,违者必究!",图片右下角用文本框写上"18101040203 张三于 20190106 制作于图文 414",并对所绘制图片做一些分析说明。

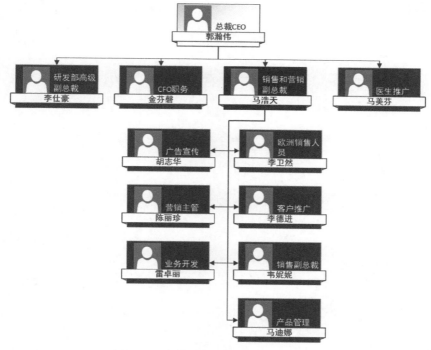

图 4-29 泰康医疗器械公司组织结构图

(2) 利用组织结构图向导生成如表 4-1 所示的 Excel 文件,利用该 Excel 文件生成一个组织结构图,组织结构图中显示有部门、电话、姓名、职务 4 项内容。

表 4-1 公司成员一览表

姓 名	职 务	隶 属 于	部 门	电 话
钱俊贤	总裁兼执行长		总裁办公室	425-707-9790
马玉华	主管助理	钱俊贤	总裁办公室	425-707-9795
吕小华	财务长	钱俊贤	财务	425-707-9794
潘慧茹	营运长	钱俊贤	执行	425-707-9798
苏明昌	销售经理	钱俊贤	销售部	425-707-9799
徐宗义	公共关系	章佳慧	营销	425-707-9797
夏怡静	广告	章佳慧	营销	425-707-9798
庄慧君	产品管理	章佳慧	营销	425-707-9799
章佳慧	市场推广经理	顾美慧	营销	425-707-9791

姓　名	职　务	隶　属　于	部　门	电　话
胡惠玲	医师推广	章佳慧	营销	425-707-9793
沈秋月	商业开发	苏明昌	营销	425-707-9790
顾美慧	营销副总监	苏明昌	销售	425-707-9792

　　要求：绘制完成后为图片加上水印，如"18101040203 张三版权所有,违者必究！"，图片右下角用文本框写上"18101040203 张三于 20190106 制作于图文 414"，并对所绘制图片做一些分析说明。

外部数据形状的创建

1. 实验目的及要求

通过此次实验,掌握外部数据的导入过程;根据导入的数据熟练创建数据透视关系图,理解数据透视图中数据的汇总方式,并能对透视图加以分析;理解 Visio 中数据形状链接的含义,熟练掌握自定义及外部模具的添加方式,并将数据链接到添加的形状当中。本次实验要求学生创建"数据透视表",复制"数据透视表",归纳和总计结果,显示组合类别,设置"数据透视表"格式。本次实验 4 学时,属于综合性实验。

2. 实验环境

硬件需求:计算机,每位学生 1 台。

软件:Windows 操作系统,Microsoft Visio 软件,浏览器,文件上传下载 FTP 软件。

3. 实验准备

1) 实验所需的相关理论知识介绍

数据透视表(Pivot Table)是一种交互式的表,可以进行求和、计数、求平均值等运算,例如,所运行的计算与数据在表格中的字段有关。数据透视表可动态地改变它们的版面布置,以便按照不同方式分析数据,也可以重新安排行号、列标题和页字段。每一次改变版面布置时,数据透视表会立即按照新的布置重新计算数据,如果原始数据发生更改,数据透视表也可以随之更新。

数据透视图为关联数据透视表中的数据提供其图形化表示形式,提供交互式数据分析的图表,与数据透视表类似,数据透视图也是交互式的。可以更改数据的视图,查看不同级别的明细数据,或通过拖动字段来显示或隐藏字段中的项来重新组织图表的布局,Visio 中的数据透视图是(类似于结构的组织结构图)连接到数据的分层图,其表示方法很直观,以便用户自行查看,可以根据自己的需要来配置数据。应用 Visio 的数据透视表可以使数据自动创建分层图,将数据以分组和汇总的方式进行展示,从而更方便地进行可视化分析。

Visio 中创建数据透视图时,会显示数据透视图筛选窗格。可使用此筛选窗格对数据透视图的基础数据进行排序和筛选。对关联数据透视表中的布局和数据的更改将立即体现在数据透视图的布局和数据中。

Visio 中数据图形是可视化增强元素,可将它们应用到形状中以显示形状所含数据。数据图形将文字和视觉元素(如数字、标志和进度栏)结合在一起,以图文并茂的方式显示数据。

2）Visio 外部数据形状操作要点

Visio 中可以使用数据选取器向导将数据导入到外部数据窗口。在外部数据窗口中显示的数据是导入数据源的快照。可以导入的数据形式有：Microsoft Excel 工作簿、Microsoft Office Access 数据库、Microsoft SharePoint Foundation 服务列表、Microsoft SQL Server 数据库、其他 OLEDB 或 ODBC 数据源、以前创建的链接。

数据透视图窗格中，可利用已有表格中的数据字段对数据透视图进行类别划分（即原表格数据如何与数据透视表中的行或列字段对应），还可以根据数据透视表中的数值进行汇总。数据透视图节点中显示的默认数据是数据源中第一列的总和，可以将汇总函数从"求和"更改为"平均值""最小值"或"计数"。有时候节点太多或图形太大不好掌控，可以限制所有级别中要显示的节点数，在"数据透视关系图选项"对话框中的"数据选项"下，选中"限制每个细分中的项目数"复选框，如图 5-1 所示。

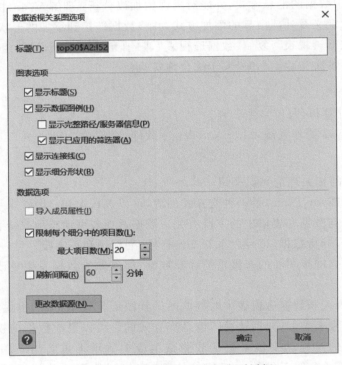

图 5-1 "数据透视关系图选项"对话框

使用 Visio 从外部数据源导入的数据，其链接或关联到形状是按行进行的，有三种方式可将数据行链接到绘图中的形状：①可以将行链接到现有形状（每次一行）；②自动将行链接到形状；③根据数据创建形状。如果能看到每个形状上的数据图形，则 Visio 能够自动将行链接到形状；如果不能看到所有形状上的数据图形，则 Visio 不能将某些行链接到某些形状。

Visio 可以自定义模具，将经常使用的形状集中在一起，在"形状"窗口中单击"更多形状"，执行"新建模具"，新建的模具标题栏有 *（红色星号）图标，可以通过添加、删除和修改形状来编辑模具，同时 Visio 也可以联机查找模具并下载，或者下载第三方模具。

4. 实验过程指导

1) 数据透视图创建

薪酬网公布了一份《2018年中国大学毕业生薪酬排行榜TOP200》,为了方便教学,本实验选取前50名高校,对前50名高校所在地区做数据透视图来分析高校与其所在地省份的关系。

(1) 打开Visio,选择"新建"→"商务"→"数据透视图表",弹出"数据选取器"对话框,如图5-2和图5-3所示。

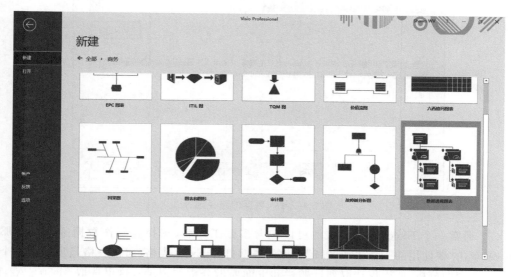

图 5-2 新建数据透视表

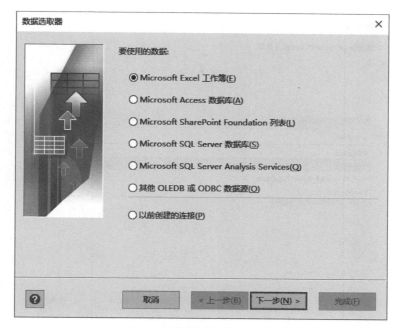

图 5-3 "数据选择器"对话框

（2）单击"下一步"按钮后，单击"浏览"按钮，选择数据所在的 Excel 表格，如图 5-4 所示。

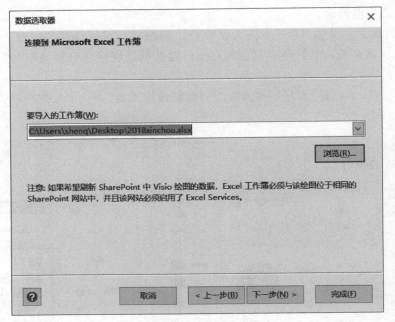

图 5-4　导入数据的路径选择

（3）通常一个 Excel 工作簿文件可以包含多张工作表，选择要制作数据透视图的那张工作表，单击"要使用的工作表或区域"下拉列表框打开 Excel 表格（通常表格最顶部是一个表名字，不适合做分析，所以仅选取列标题栏和下面要做分析的记录），这里选取 top50 $ A2；I52 的数据，如图 5-5 和图 5-6 所示。

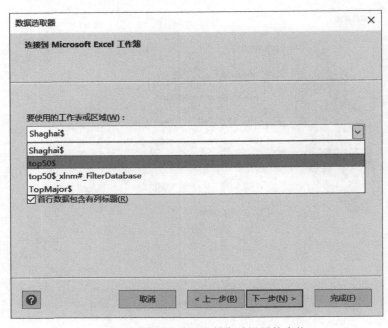

图 5-5　选择 Excel 需要制作透视图的表格

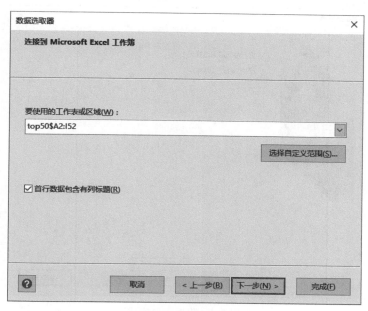

图 5-6　所选表的数据范围

（4）单击"下一步"按钮，弹出表的行列数据选取对话框（默认为全选），这里选择默认值，如图 5-7 所示。

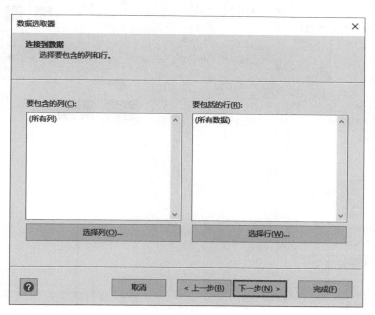

图 5-7　选择表的行和列

（5）单击"下一步"按钮后显示已成功导入数据，然后单击"完成"按钮，如图 5-8 所示。生成的数据透视关系图如图 5-9 所示。

（6）这里想看看不同地区的高校薪酬情况，因此在左侧"添加类别"中选择"所在地"，"添加汇总"选择"2017 届月薪（平均值）""2015 届月薪（平均值）""2013 届月薪（平均值）""数量"，

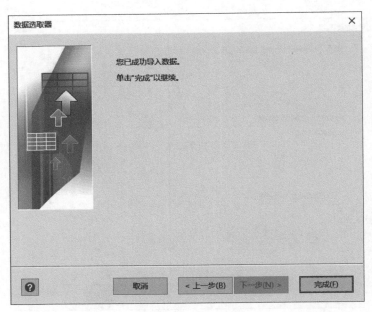

图 5-8　数据选取完成

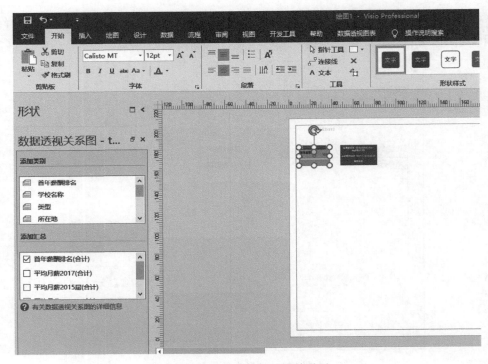

图 5-9　生成的数据透视关系图

如图 5-10 所示。

　　（7）选择"数据透视表"→"排列"→"左移"，将上海和北京调至最左边，选择"数据透视表"→"格式"→"应用形状"，为上海和北京插入一个"首席执行官"形状，相关操作如图 5-11和图 5-12 所示。

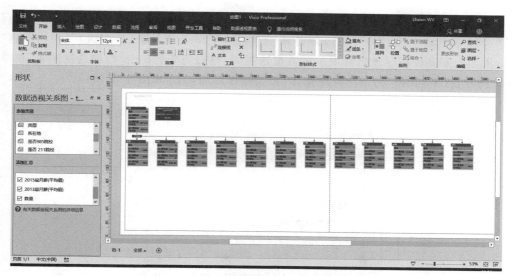

图 5-10　按地区和月薪均值生成的数据透视图

图 5-11　数据透视表菜单一览图

图 5-12　"应用形状"对话框

（8）先选中"上海"形状，再在左侧"添加类别"中选中"学校名称"列，"添加汇总"窗口中勾选"2017届月薪（平均值）""2015届月薪（平均值）""2013届月薪（平均值）"（不用勾选"数量"），添加上海高校按学校名称展示的数据透视图，添加完毕后单击"数据透视图表"菜单以"2017届月薪（平均值）"为条件降序排序，相关操作如图5-13和图5-14所示。

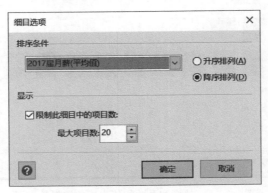

图5-13 "细目选项"对话框

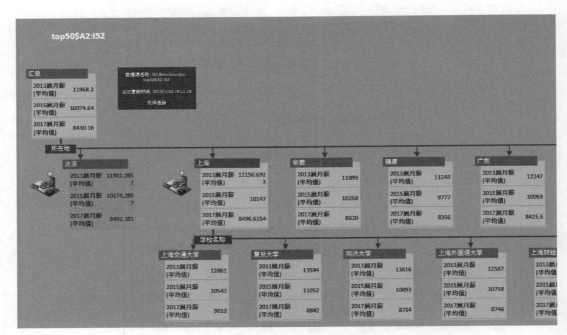

图5-14 按名称展示的数据透视图

（9）添加背景，调整填充色等，美化图片，如图5-15所示。

从上面的数据透视图可以看出，对薪酬网所做的2018年中国大学毕业生薪酬TOP200排名榜中的前50名制作数据透视，可以发现前50名高校基本集中于东部地区，北京占21所，上海占13所，两个直辖市的高校包揽了总数的70％，这也与985及211大学在这两个直辖市的分布数量有关。其次，大部分毕业生就业去向是高校所在地的省份，由于东部地区经济发达，对人才的吸引力也大，东部发达地区的薪酬较高也对东部地区高校毕业生的月薪产生

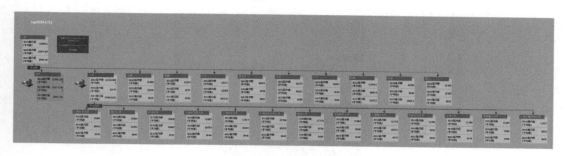

图 5-15 美化后的数据透视图

较大的影响。从上海高校 2017 届毕业生平均工资看,前三名果然被三大名校(交大、复旦、同济)包揽。

2) 数据与形状的链接

Visio 中可以将外部列表中的数据链接到图表及其形状。有三种方式可以将数据行链接到绘图中的形状:将行链接到现有形状(每次一行),自动将行链接到形状,根据数据创建形状。

(1) 先用 Excel 对数据做筛选,将上海市进入前 50 的高校筛选出来后复制,粘贴于另外一张新工作表中,并删除"所在地""是否 985""是否 211"三列,将工作表命名为 Shanghai 备用,如图 5-16 所示。

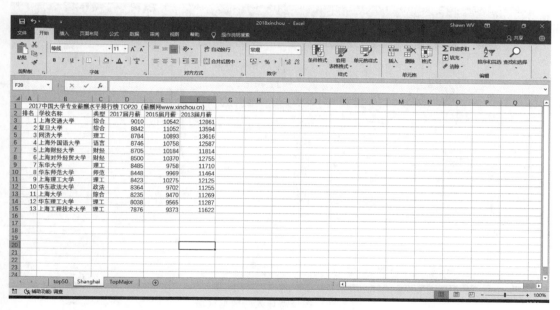

图 5-16 筛选表格中的数据

(2) 打开 Visio,新建一个空白绘图,在左侧"形状"窗口中选择"工作流程对象"(流程图形状中人物较多,不同版本的 Visio 人物形状有些区别,另外"设计"菜单下所选的"主题"不一样,形状的颜色也不一样,请注意调整),如图 5-17 所示。

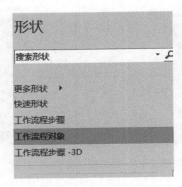

图 5-17　添加形状

（3）选择"数据"→"外部数据"→"快速导入"选项，选择表中所需要的相关区域导入数据。本操作仅导入了"学校名称""类型""2017届月薪""2015届月薪""2013届月薪"这几列所在区域，如图 5-18 和图 5-19 所示。

图 5-18　"数据"菜单一览图

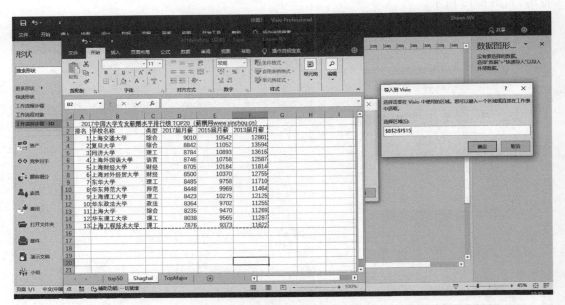

图 5-19　选择需导入的数据区域

（4）数据导入后如图 5-20 所示。

（5）在"工作流程步骤"窗口选中一个"研究"形状，然后从外部数据栏拖动"上海交通大学"这一行到绘图页（"上海交通大学"行前的链接指示符表示数据已经链接到形状），并在"数据图形"窗口中勾选"学校名称""2017届月薪""2015届月薪""2013届月薪"，如图 5-21所示。

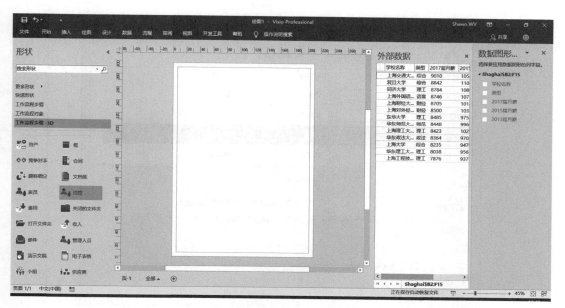

图 5-20 导入数据后的窗口

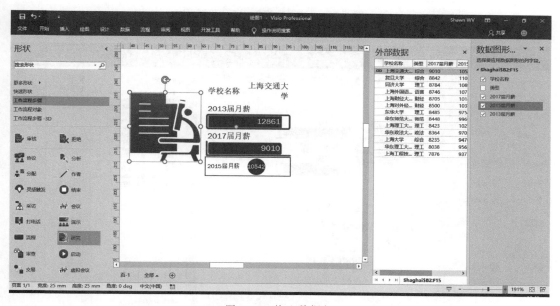

图 5-21 拖入数据行

（6）选中链接的形状，右击，弹出快捷菜单后选择"编辑数据图形"，调整显示内容的顺序位置并确定。操作窗口如图 5-22 所示。

（7）在左侧"形状"窗口中选择"图例形状"后，然后拖入一个"良好"的笑脸图例形状，并调整大小，然后从外部数据栏拖动"复旦大学"这一行到调整好的笑脸形状上，将数据链接至现有形状上，操作后如图 5-23 所示。

（8）然后选中"2013 届月薪"形状，选择"数据"→"数据图形"，为"2013 届月薪"选择一个"速度计"图标，如图 5-24 所示。

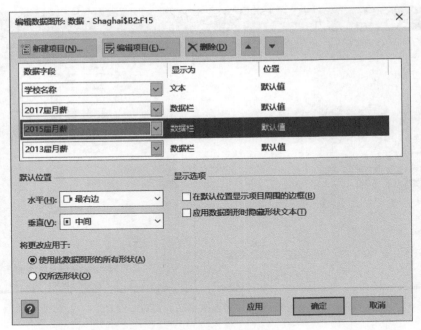

图 5-22 "编辑数据图形"对话框

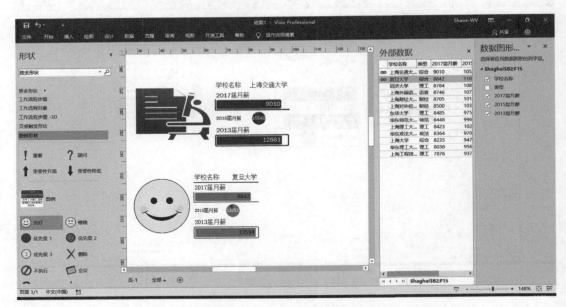

图 5-23 拖入第二行数据形状

（9）采用同样的方式拖入其他排名前 5 名的高校，然后进行对齐形状、设置页面纸张大小、添加背景等美化图片的操作。最后的效果如图 5-25 所示。

3）自定义模具的创建

模具在 Visio 中是可重复使用的形状，用户可以根据需要自己构建模具，也可以从网上下载制作好的模具（.vss 格式）来增加丰富多彩的形状。

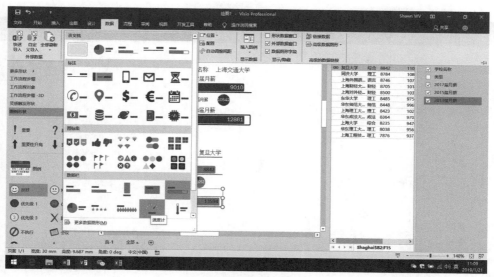

图 5-24　设置数据图形

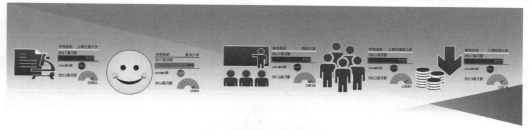

图 5-25　美化后的效果

（1）打开模具：打开 Visio，新建一个空白绘图，在左侧"形状"窗口中选择"更多形状"→"打开模具"，选择模具文件即可打开模具文件，如图 5-26 和图 5-27 所示。

图 5-26　"打开模具"对话框

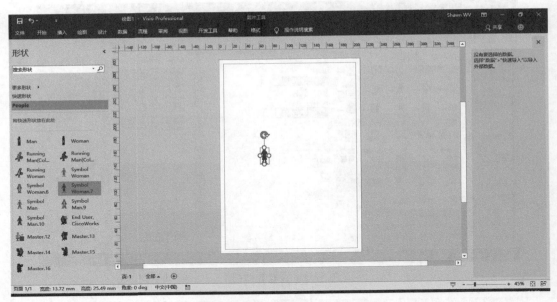

图 5-27　打开下载模具后的窗口

（2）新建模具：在左侧"形状"窗口中选择"更多形状"→"新建模具（公制）"，从基本形状库里拖入一个圆和一个三角形，选中这两个形状后选择"开发工具"→"操作"→"联合"，形成如图 5-28 所示形状。

图 5-28　制作自己的形状

（3）将形状从绘图页拖入到左侧新建的模具栏目下，在形状窗口里选中刚才新建的形状，右击后弹出快捷菜单，选择"编辑主控形状"，可以对形状进行重命名、大小修改、删除等操作，如图 5-29 所示。

"主控形状属性"里可以修改名称、提示（自己设置指针指向形状时显示提醒内容）图标大小等信息，如图 5-30 所示。

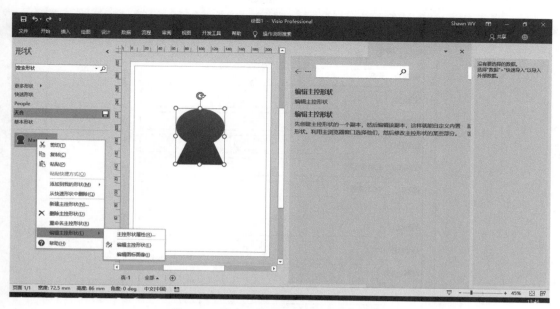

图 5-29 将自己的形状添加到左侧模具库

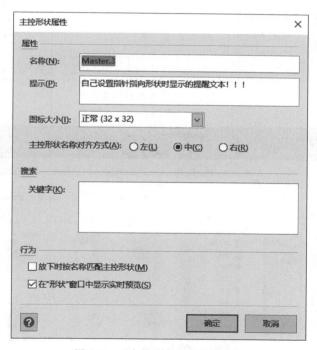

图 5-30 "主控形状属性"对话框

（4）在左侧"形状"窗口中新建模具名字的标题上右击，弹出"属性"对话框，输入自己的信息，如图 5-31 所示。

（5）单击模具名"天合"右侧的保存图标，将模具保存到自己的文件夹里备用，如图 5-32 所示。

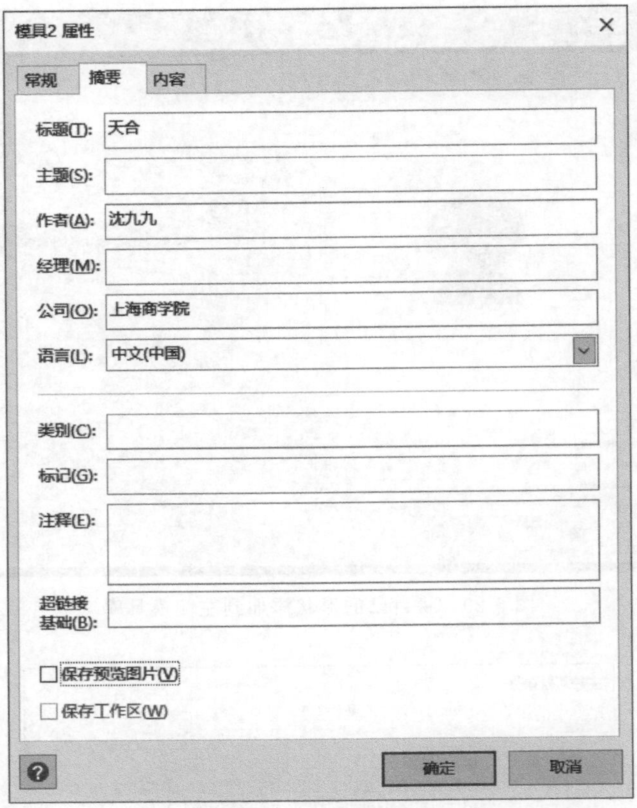

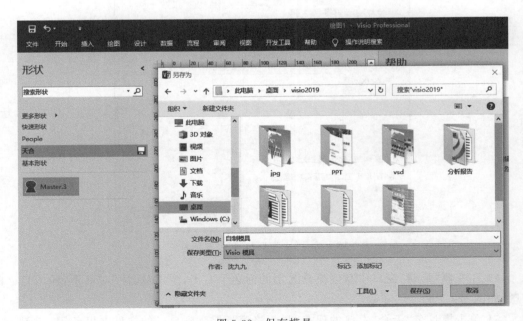

图 5-31　修改模具摘要

图 5-32　保存模具

5. 实验任务

（1）参照实验指导的方法，用 Excel 的数据筛选功能，筛选出北京的高校，并粘贴到一个新表里，以高校类型为依据制作一层数据透视图，再选中"理工"类以高校名为依据添加二层的数据透视图，并就数据透视图做分析（即看图说话）。

要求：绘制完成后为图片加上水印，如"18101040203 张三版权所有，违者必究！"，图片右下角用文本框写上"18101040203 张三于 20190106 制作于图文 414"。

（2）网上下载一个 Visio 模具或者自己新建几个模具形状，将排名前 5 名的学校链接到形状，并就图片中的收入排名做简要的分析说明。

要求：绘制完成后为图片加上水印，如"18101040203 张三版权所有，违者必究！"，图片右下角用文本框写上"18101040203 张三于 20190106 制作于图文 414"。

实验 6

模板分类及快捷键的使用

1. 实验目的及要求

熟悉 Visio 模板的分类及提示,能结合自己所要传递的信息熟练地选择合适的模板并绘制图形;熟练运用 Visio 的常用快捷键及绘图技巧;掌握自制模具的添加和删除方法。首先完成实验指导中相关操作内容,在此基础上经过思考后独立完成实验任务,并撰写实验报告。本次实验 4 学时,属于综合性实验。

2. 实验环境

硬件需求:计算机,每位学生 1 台。

软件:Windows 操作系统,Microsoft Visio 软件,浏览器,学生客户端控制软件,文件上传下载软件。

3. 实验准备

1) Visio 模板类型介绍

Visio 2019 提供了 8 大类总计 81 种模板,用户可以借助于 Visio 的这些模板来快速生成自己的图形,选择一个合适的模板不仅能大大减少用户的工作量,同时也免除了寻找模具及形状、设置绘图环境的烦恼。Visio 2019 模板一览如表 6-1 所示。

表 6-1　Visio 2019 模板一览表

序号	类别(数量)	模 板 名
1	商务(14)	EPC 图表、ITIL 图表、TQM 图、价值流图、六西格玛图表、因果图、图表和图形、审计图、故障树分析图、数据透视表、灵感触发图、组织结构图、组织结构图向导、营销图表
2	地面和平面布置图(14)	HVAC 控制逻辑图、HVAC 规划、三维方向图、办公室布局、天花板反向图、安全和门禁平面图、家居规划、工厂布局、平面布置图、方向图、现场平面图、电气和电信规划、空间规划、管线和管道平面图
3	工程(8)	基本电气、工业控制系统、工艺流程图、流体动力、电气和逻辑电路、管道和仪表设备图、系统、部件和组件图
4	常规(3)	具有透视效果的框图、基本框图、框图
5	日程安排(4)	PERT 图、日历、日程表、甘特图
6	流程图(9)	BPMN 图、IDEFO 图表、Microsoft SharePoint 2010 工作流、Microsoft SharePoint 2019 工作流、SDL 图、基本流程图、工作流程图、工作流程图-3D、跨职能流程图

序号	类别（数量）	模　板　名
7	网络（7）	Active Directory、LDAP 目录、基本网络图、基本网络图-3D、机架图、详细网络图、详细网络图-3D
8	软件和数据库（22）	Chen's 数据库表示法、COM 和 OLE、Crow's Foot 数据库表示法、IDEF1X 数据库表示法、UML 序列、UML 数据库表示法、UML 活动、UML 状态机、UML 用例、UML 类、UML 组件、UML 通信、UML 部署、企业应用、数据库模型图、数据流图表、数据流模型图、程序结构、线框-网站、线框图表、网站图、网站总体设计

在绘制图形之前,用户首先要思考如下问题:需要绘制一个什么样的图形?需要传递什么信息?需要用这个图形来实现什么目标?在明确了这些问题之后,就可以有的放矢地选择模板来完成图形的绘制了。有时模板里的形状并不一定能满足我们的需求,这时就需要考虑构建自己的形状、设计自己的模板或者在线搜索并下载他人模板及形状。

2）Visio 快捷键及技巧介绍

快捷键又叫热键,即通过某些特定的按键、按键顺序或按键组合来快速完成一个操作。Visio 2019 中常用的快捷键如表 6-2 所示。

表 6-2　Visio 2019 常用快捷键一览表

快　捷　键	功　　能
箭头键	微小移动所选形状
Shift＋箭头键	一次将所选形状移动 1 像素
Ctrl＋Alt＋鼠标左	局部放大
Ctrl＋L	向左旋转所选形状
Ctrl＋R	向右旋转所选形状
Ctrl＋H	水平翻转所选形状
Ctrl＋J	垂直翻转所选形状
Ctrl＋鼠标左,拖动	复制所选形状
Ctrl＋Shift＋F	将所选形状置于顶层
Ctrl＋Shift＋B	将所选形状置于底层
Ctrl＋G 或 Ctrl＋Shift＋G	组合所选形状
Ctrl＋Shift＋U	取消对所选组合中形状的组合
F1	打开"帮助"窗口
F3	打开"设置形状格式"任务窗格
F8	为所选形状打开"对齐形状"对话框
F11	打开"文本"对话框

如需了解更多的快捷键,可参考 Visio 帮助中的"Visio 的键盘快捷方式"。另外,利用Visio 绘图时只有封闭的整体图形才可以填充,绘图中若遇到工作界面长宽不够时,可按住Ctrl 键,然后将光标放在画布边缘拖动便可调整画布大小。

4. 实验操作指导

1）绘制如图 6-1 所示的上海商学院奉浦校区网络结构图

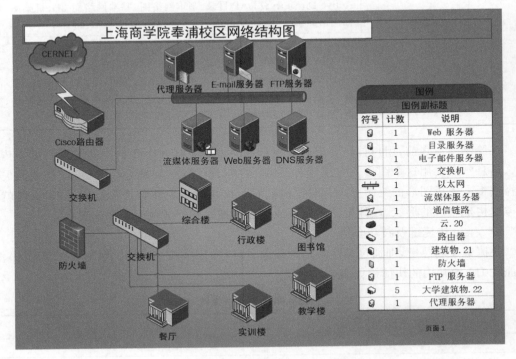

图 6-1　上海商学院奉浦校区网络结构图

（1）打开 Visio，选择"文件"→"新建"→"类别"→"网络"→"基本网络图-3D"，如图 6-2 所示。

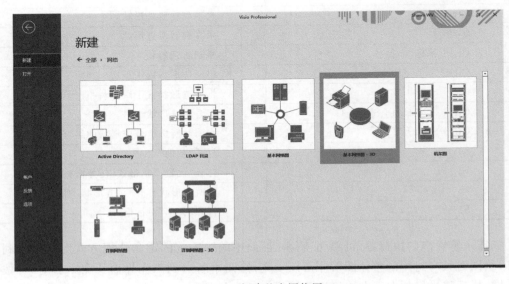

图 6-2　新建基本网络图

（2）在左侧"形状"窗口中选择"更多形状"→"网络"→"服务器-3D"，添加"服务器-3D"形状到形状窗口，添加后的窗口如图6-3所示。

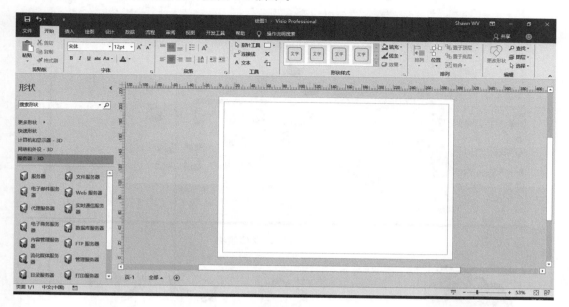

图6-3 添加服务器3D形状

（3）将所需的网络硬件设备拖入到绘图页中，如图6-4所示。

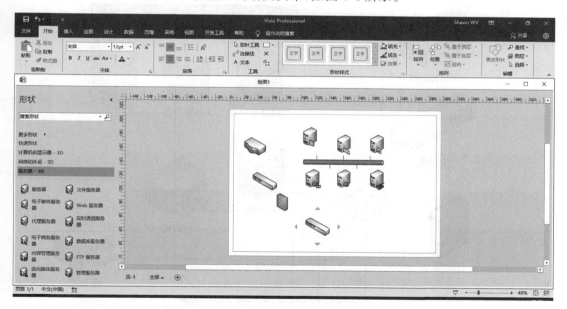

图6-4 拖入相关硬件设备

（4）在左侧"形状"窗口中选择"更多形状"→"网络"→"网络位置-3D"，添加"网络位置-3D"形状到"形状"窗口中，并拖入"云"及建筑物到绘图页面上，完成后的窗口如图6-5所示。

（5）添加连接线，添加文本，如图6-6所示。

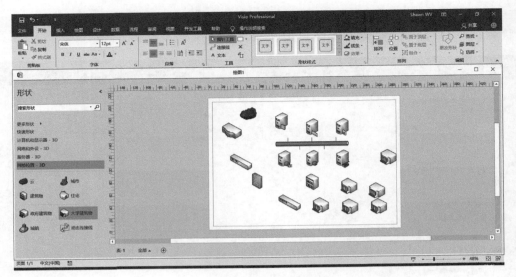

图 6-5　添加"云"及建筑物

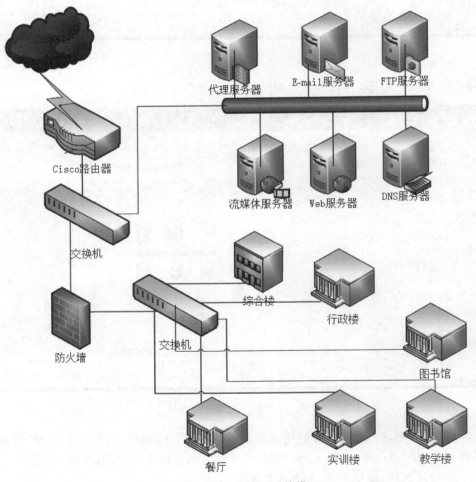

图 6-6　添加文本及连接线

（6）添加图例，选择主题，添加标题及背景，对齐形状位置，美化图形，如图 6-7 所示。

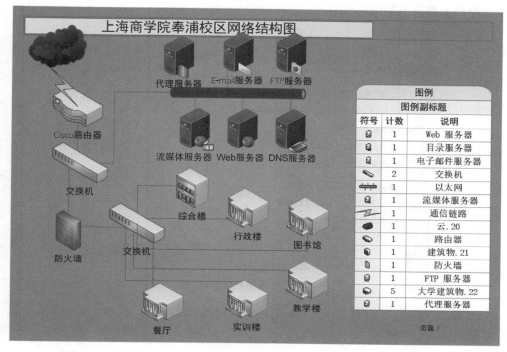

图 6-7　美化图形

2）网站图的绘制及应用

对于公司内部网站的日常管理者来说，一个清晰直观的网站整体结构图将会大大方便网站的管理工作。Visio 提供了生成网站图的相关功能，通过 Visio 生成的网站图可以跟踪开发更改以及监视和修复断开的超链接。

（1）打开 Visio，选择"文件"→"新建"→"软件"→"网站图"，如图 6-8 所示。

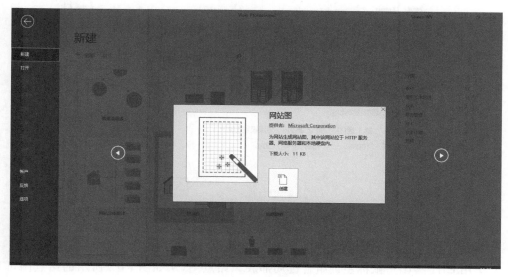

图 6-8　新建网站图

（2）在"生成站点图"对话框的地址栏中输入"http：//www.sbs.edu.cn/"（如图6-9所示）自动导出上海商学院网站结构图。

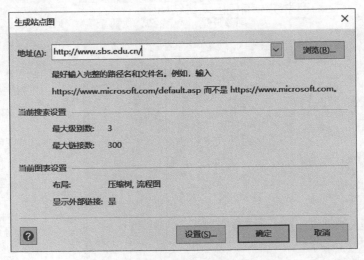

图6-9 "生成站点图"对话框

单击"设置"按钮，可以根据自己的需求设置网站图的布局、扩展名、协议等参数，如图6-10所示。

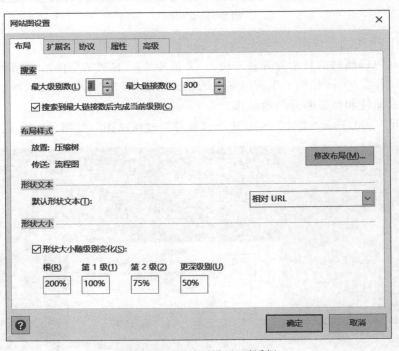

图6-10 "网站图设置"对话框

（3）软件首先扫描网站如图6-11所示，扫描结束后生成的站点图如图6-12所示。

（4）用Ctrl＋Alt＋鼠标左键组合键局部放大站点图，从如图6-13所示的站点图可见，

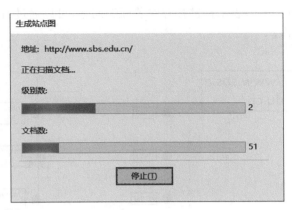

图 6-11 扫描网站进度状态

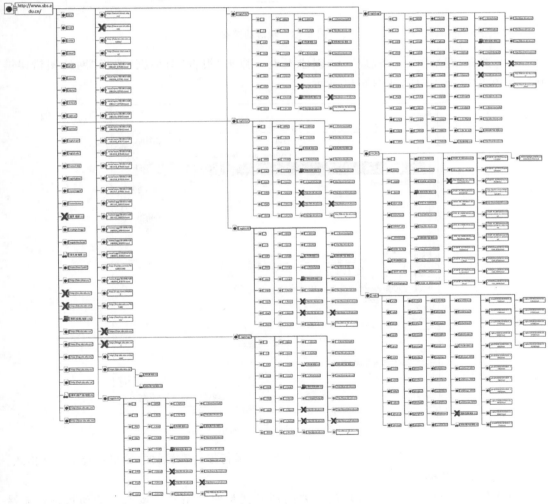

图 6-12 生成的站点图

一些链接前面出现红色"×",表示该链接存在着断链问题,可以通过右击链接后弹出的快捷菜单进行相关修复操作。

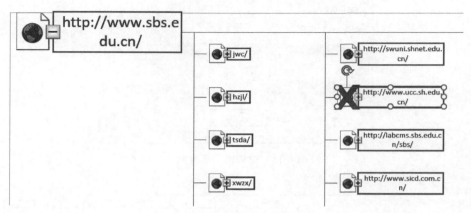

图 6-13　断链的链接

（5）选择"网站图"→"管理"→"创建报表",弹出"报告"对话框,选择"网站图错误链接",并单击"运行"按钮,如图 6-14 所示。

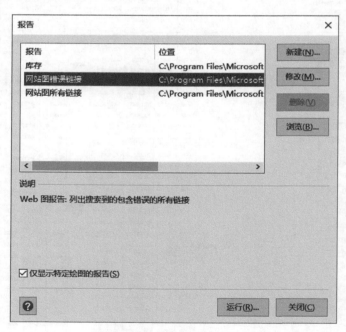

图 6-14　"报告"对话框

（6）单击"运行"按钮后弹出如图 6-15 所示的"运行报告"对话框,这里选择 Excel 格式。

（7）生成的 Excel 报告如图 6-16 所示。

网站图的分析说明:网站管理最重要的任务就是使网站的链接处于活动状态且无错误,当用户通过网站图映射网站时,Visio 会跟踪用户指定参数中的每个链接,并检查该链接是否存在错误。有错误的链接在网站图中显示红色"×"标记。用户通过网站图可以快速

图 6-15　选择运行报告格式

网站图错误链接					
错误	错误描述	形状	链接	父链接	链接目标的数目
504	网关超时	HTML	http://cc.sbs.edu.cn/	http://www.sbs.edu.cn/	7
503	服务不可用	HTML	http://dwgk.sbs.edu.cn/	http://www.sbs.edu.cn/	1
503	服务不可用	HTML	http://dwgk.sbs.edu.cn/structure/index.htm	http://www.sbs.edu.cn/en_01/	1
405	不允许使用的方法	通用	http://spoc.sbs.edu.cn/home/index.mooc	http://www.sbs.edu.cn/	1
404	未找到	图形(位图)	http://www.sbs.edu.cn/xxgk/images/favicon.ico	http://www.sbs.edu.cn/xxgk/	1
504	网关超时	HTML	http://www.ucc.sh.edu.cn/	http://www.sbs.edu.cn/	7
404	未找到	HTML	http://xb.sbs.edu.cn/	http://www.sbs.edu.cn/	7
504	网关超时	HTML	https://vpn.sbs.edu.cn/	http://www.sbs.edu.cn/	1

图 6-16　Excel 格式的错误链接报告

生成错误链接的列表以便跟踪这些错误并进行必要的修复。断开链接的修复主要有以下三种形式。

一些断开的链接是由超时错误引起的。若要解决这些错误,请右击该链接,然后单击"刷新"或"刷新超链接的父级"。

其他断开的链接是由于找不到网站、访问被拒绝或遗失密码,或是不正确的文件名、不正确的文件位置以及丢失的文件导致的,这可能会触发 404 或找不到文件的错误消息。需要在网站中修复其中任何一项。

网站和网站图不是动态链接的,更改一个不会自动影响另一个。修复网站上断开的链接后,可以通过右击表示断开的链接的形状来更新网站图,然后单击"刷新超链接",红色"×"将消失。

5. 实验任务

(1) 绘制如图 6-17 所示的 QQ TIM 应用软件的登录窗口界面图(软件和数据库-线框图表)并对所绘制图片做简单的解释、分析及说明(看图说话)。

要求:绘制完成后为图片加上水印,如"18101040203 张三版权所有,违者必究!"在图片右下角用文本框写上"18101040203 张三于 20190106 制作于图文 414"。

(2) 绘制如图 6-18 所示的上海商学院奉浦校区示意图(部分重复使用形状需要自己绘制,并添加到模具当中),并对所绘制的图片做一些文字说明分析。

图 6-17　QQ 登录界面图

　　要求：右下角"文本框"签名栏改为自己的学号姓名，字体为"华文仿宋 16Pt"，图案填充为"深色上对角线"，"前景"为标准橙色，透明度为 50％，"无线条"；版权水印为"华文彩云 36Pt"，"排列"选"置于底层"。

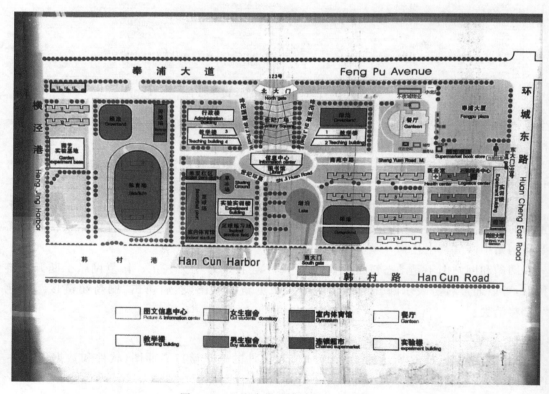

图 6-18　上海商学院奉浦校区示意图

实验 **7**

UML模型的构建

1. 实验目的及要求

通过此次实验,熟悉 Visio 中的 UML 建模的工作环境;理解用例分析的目标,即标识系统功能,从用户的角度出发组织这些功能;熟记用例图的基本组成元素,熟练绘制用例图;理解类的概念,类的属性及方法,熟练绘制类图。

按照实验指导完成实验操作过程内容,掌握软件的相关功能;经过思考后独立完成实验任务,并撰写实验报告。本次实验 4 学时,属于验证性实验。

2. 实验环境

硬件需求:计算机,每位学生 1 台。

软件:Windows 操作系统,Microsoft Visio 软件,浏览器,文件上传下载软件。

3. 实验准备

1) 实验所需的相关理论知识介绍

面向对象解决问题的一个重要原则便是构建模型。统一建模语言(Unified Modeling Language,UML)是面向对象软件的标准化建模语言,UML 的目标是以面向对象图的方式来描述任何类型的系统,有着很广泛的应用领域。

模型(Model)就是系统需要解决问题的抽象表示。域(Domain)就是问题所处的真实世界,强调直接以问题域(现实世界)中的事物为中心来思考问题。模型由对象(Objects)组成,对象之间通过相互传递消息(Messages)来相互作用和通信。对象有三个要素:属性(对象是什么)、方法(对象能做什么)、事件(对象如何响应)。如果把对象看成一个"活体",对象则有它们知道的事[属性(Attributes)]和它们可以做的事[行为或操作(Behaviors or Operations)]。对象的属性值决定了它的状态(State)。UML 从系统的不同角度考虑,定义了用例图、类图、对象图、状态图、活动图、序列图、协作图、构件图、部署图共 9 种图,如图 7-1 所示。

使用 UML 进行系统分析和设计时,一般遵循以下步骤。

(1) 描述需求,产生用例图。

(2) 根据需求建立系统的静态模型,构造系统的结构,产生类图、对象图、组件图和部署图。

(3) 描述系统的行为,产生状态图、活动图、顺序图。

用例(Use Case):外部可见的系统基本功能单元,这些功能单元由一系列系统单元所

图 7-1　UML 的 9 种图

组成,通过系统单元与一个或多个参与者之间传递消息。用例用于在不揭示系统内部构造的前提下定义连贯的行为。

用例图(Use Case Diagram):用于显示谁是使用系统的用户、用户希望系统提供什么服务,以及用户需要为系统提供哪些服务。用例图方便用户理解系统的功能用途,也便于软件开发人员最终实现这些功能。用例图从一个外部的观察者角度来描述对系统的印象,用例图与场景(Scenario)紧密相关,场景指用户与系统进行交互时的现场。

参与者:系统外部的一个实体,以某种方式参与用例的执行过程。参与者有三大类:系统用户、与所建造的系统交互的其他系统和一些可运行的进程。

用例分析:医院门诊部的场景为"客户打电话给门诊部预约每年一次的体检,客服在预约记录本上找出最近可以预约的时间,并填上客户信息。"

用例是为了完成某个活动或者达到某个目的而产生的一系列场景总和。图 7-2 便是这个门诊部 Make Appointment 的用例。角色是客户。角色与用例的联系是通信联系(Communication Association 或简称通信 Communication)。

图 7-2　用例示意图

角色(Actor)用人的图标表示,表示发起这个活动的人或事情。用例用椭圆来表示,即具体的活动。通信(消息传递)是一条连接角色和用例的线。

一个用例图(图 7-3)是角色、用例以及它们之间交互的集合。我们已经把 Make Appointment 作为一个含有四个角色和四个用例的图的一部分。注意,一个单独的用例可以有多个角色。

类(Class):用于描述对象集合的一个目录或者分类,每个对象属于一个类。类是对象的"蓝图",对象是类的实例(Instance)。一个类在一个单独的实体中封装了属性(数据)和

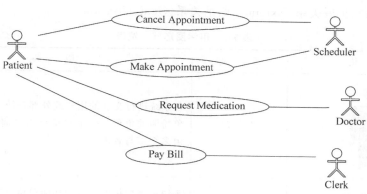

图 7-3　角色和用例的交互

行为(方法或函数)。

类图(Class Diagram):显示系统的类以及类之间的关系。类图显示的是系统的静态结构,特别是模型中存在的类、类的内部结构以及它们与其他类的关系等。类图不显示暂时性的信息。

图 7-4 是客户从经销商处预订商品模型的类图。中心的类是 Order。它连接购买货物的 Customer 和 Payment。Payment 有三种形式:Cash,Check 或者 Credit。订单包括OrderDetail,每个种类都连着 Item。

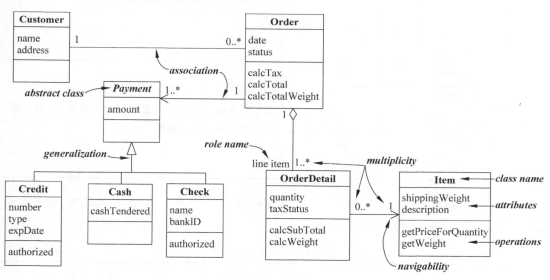

图 7-4　类图

UML 类的符号是一个被划分成三块的方框:类名、属性和方法(操作)。抽象类的名字用斜体表示,如图 7-4 中的 *Payment*。类之间的关系是连接线。

2) Visio 中的用例图及类图的图例介绍

Microsoft Office Visio 中的"UML 模型图"模板为创建复杂软件系统的面向对象的模型提供全面的支持。

用例图形状的组成(表 7-1):参与者(Actor)、用例(Use Case)、关联关系(Association)、包

含关系(Include)、扩展关系(Extend)、归纳关系(Generalization)。

表 7-1　用例图形状一览表

形　　状	名　　称	说　　明
	参与者	与系统进行交互的用户或外部系统。表示由外部对象扮演的角色。一个对象可以扮演多个角色,因而由多个参与者表示
	用例	系统或类提供的一致的功能单位。表示当参与者使用系统完成进程时发生的一组事件。是参与者使用系统完成某一过程时发生的一组事件。通常,用例是相对较大的进程,而不是单个步骤或事物
	子系统	可以包含用例的多个系统组件。又称为系统边界,是围绕在用例周围的边界,用于指示系统。确定什么是系统的外部,什么是系统的内部
——————	关联	通信关系用于定义参与者如何加入用例,说明了参与者对用例的参与情况
——————	依赖	
——————▷	归纳	
——《包含》——▷	包含	
——《扩展》——▷	扩展	

　　类:一个被划分成三块的方框——类名,属性和方法(操作)。如果是抽象类,则类名用斜体表示。类图形状的组成如表 7-2 所示。

表 7-2　类图形状一览表

形　　状	名　　称	说　　明
类名 -成员名 -成员名	类	指定类及其属性

续表

形　状	名　称	说　明
`<<接口>>` **接口名称** 　-成员名 　-成员名	接口(类)	指定接口及其属性
`<<枚举>>` **枚举名称** 　-成员名 　-成员名	枚举(类)	指定枚举及其属性
包名称	包(展开)	
	包(折叠)	代表进程中的包
	继承	表示源类型从目标类型继承
	关联	表示类的实例之间的一般关系
	聚合	表示一端包含菱形形状的对象在另一端包含对象引用
	复合	表示源类型具有目标类型的部分
	接口实现	表示源类型实现目标接口

续表

形　状	名　称	说　明
	直接关联	A类中引用了一个B类,那么就是关联关系,箭头指向被引用的那个类
	依赖关系	表示原类型取决于目标类型

4. 实验过程指导

1) 用例图的创建

图 7-5 是系统分析与设计中的一张顾客账户子系统的用例图,参照此图片绘制用例图步骤如下。

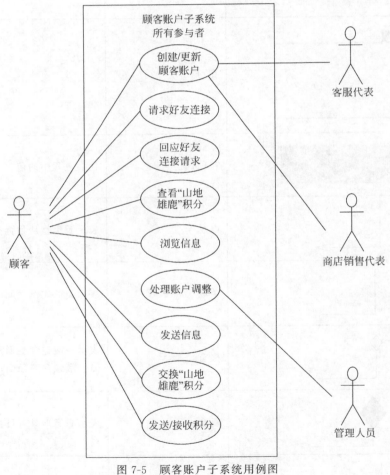

图 7-5　顾客账户子系统用例图

(1) 打开 Visio,选择"软件和数据库"模板中的"UML 用例",如图 7-6 所示。

(2) 从左边的形状栏拖入参与者、用例、子系统等图标,双击图标或者选中形状后选择

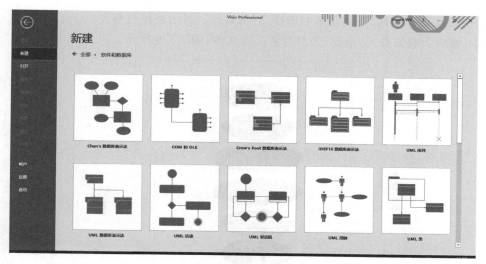

图 7-6　新建 UML 用例

"开始"→"工具"→"文本",在形状的文本框内添加文本,如图 7-7 和图 7-8 所示。

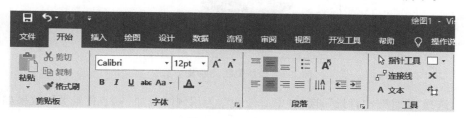

图 7-7　文本工具

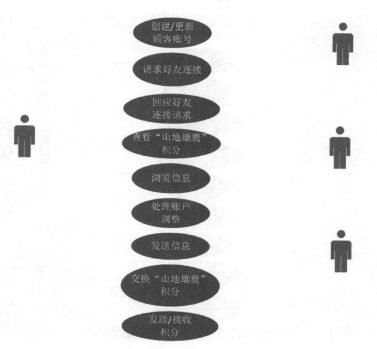

图 7-8　拖入形状并添加文本

选中形状,在"排列"下拉菜单中选择"自动对齐",将用例排列整齐。

（3）添加关联关系、子系统,为参与者添加文本,如图 7-9 所示。

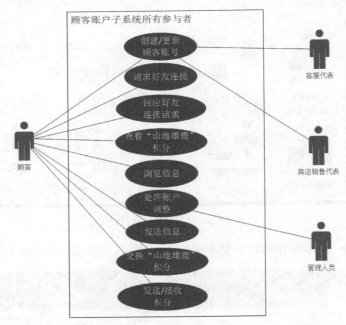

图 7-9　添加关联关系及子系统

（4）选择"设计"→"背景",选择"中心渐变",为用例图添加一个"背景页",效果如图 7-10
所示。

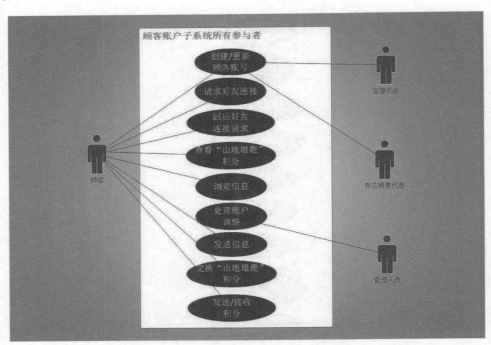

图 7-10　添加背景

（5）更改文件的相关信息。选择"文件"→"信息"，选择右侧"属性"下拉框，弹出"属性"对话框，填入自己的相关信息，如图 7-11 和图 7-12 所示。

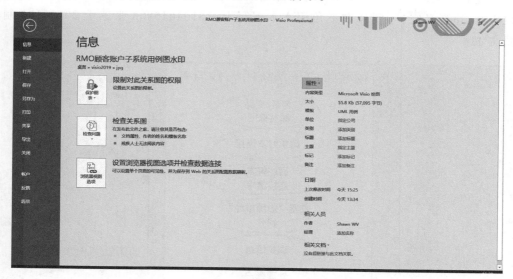

图 7-11　文件信息修改窗口

图 7-12　文件属性修改

（6）最后美化图片，使图片文字清晰，如图 7-13 所示。也可以为图片添加水印和签名，以防被复制。绘制完成后用文本框为图片加上水印并"置于底层"，如"18101040203 张三版权所有，违者必究！"，图片右下角用文本框写上"18101040203 张三于 20190106 制作于图文 414"。

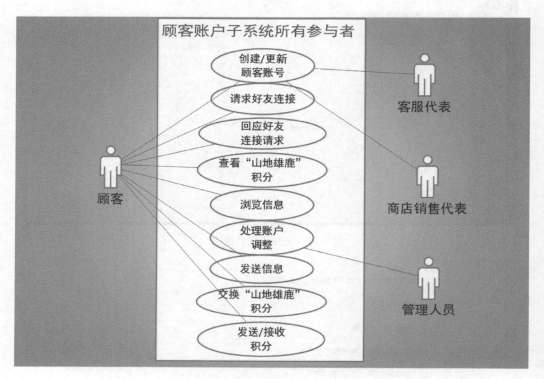

图 7-13　美化后的图片

（7）对图片的分析：图片制作完成后，需对图片进行分析、解释、说明（即看图说话）。

本用例图选取的是 RMO 公司顾客账户子系统的完整用例图。图中的信息是为了在视觉上突出单个子系统的用例与参与者而新创建的单个用例图。这个图在评审子系统用例与参与者的会议上是很有用的。在这个例子中，顾客、客服代表与商店销售代表都可以直接进入系统。通过关系连线，可以知道每个参与者都能使用"创建/更新顾客账户"这个用例。顾客在网上查询时可能会用到，客服代表在与顾客进行电话沟通时也可能会用到，商店销售代表在商店和顾客接触时可能会用到。只有管理层的部分人员才能进行账户调整。其他包含的用例只针对顾客。

2）类图的绘制

绘制如图 7-14 所示的客户从经销商处预订商品模型的类图。

（1）打开 Visio，在"软件"模板中选择"UML 静态结构"，如图 7-15 所示。

选择一个最接近的 UML 类图表，如图 7-16 所示。

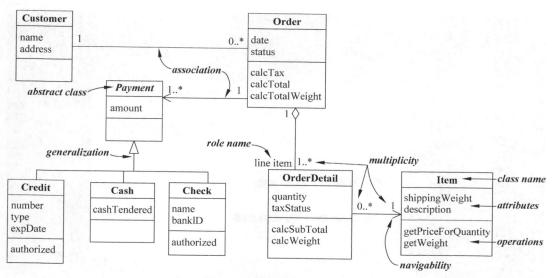

图 7-14 客户预订商品类图

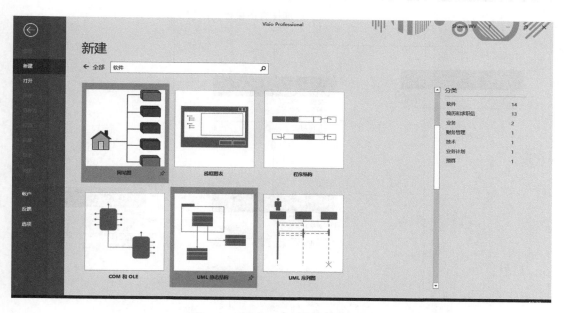

图 7-15 新建一个 UML 静态结构

（2）对绘图页上系统所给的形状进行修改，改完后可以删除最下面的提示形状（注：本模板为 Visio 2019 版本，不同版本的 Visio 界面不一定完全相同），如图 7-17 所示。

（3）复制连线，然后选中连线，右击，在弹出快捷菜单中选择"设置连线类型"来设置关系类型，再修改对应关系首尾的数字（提示：数字是用"文本框"表示的，可以单独选中数字所在的文本框，按上下左右箭头键调整数字文本框的位置），如图 7-18 所示。

（4）选择"设计"→"页面设置"→"自动调整大小"，使所有形状位于一页，如图 7-19 和图 7-20 所示。

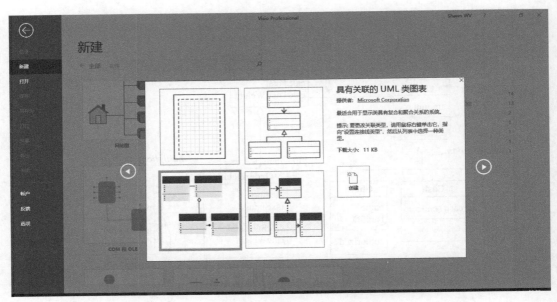

图 7-16　选择类图模板

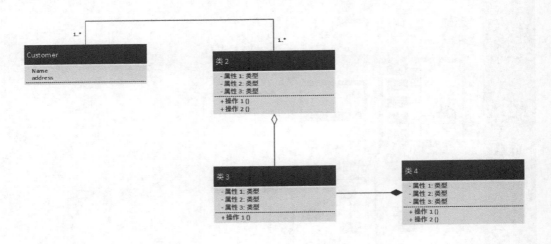

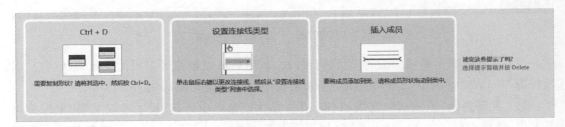

图 7-17　初始的类图模板

（5）选择"设计"→"主题"，选择一个图片显示更清楚的"主题"，并为图片添加一个"背景"，更改文件的相关信息，添加作者自己的信息，并在图片上添加水印和签名，如图 7-21所示。

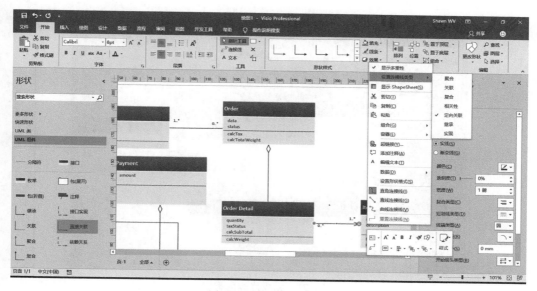

图 7-18 修改关系连线

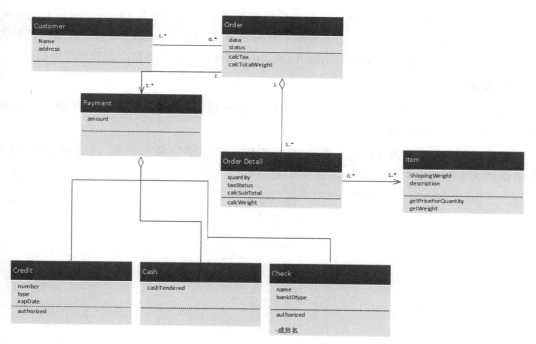

图 7-19 自动调整大小

图 7-20 "设计"子菜单一览

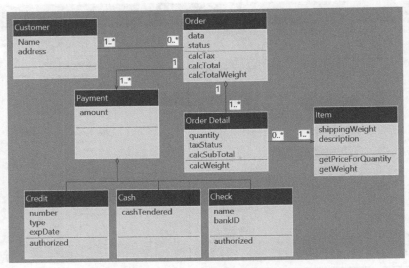

图 7-21 完成修改的类图

这是一个顾客从经销商处预订商品的模型的类图。中心的类是 Order。连接它的是购买货物的 Customer 和 Payment。Payment 有三种形式：Credit，Cash 或者 Check。订单包括 Order Detail，每个订单都有订单明细(Item)，在系统设计时这些类对应着数据库中的表。

5. 实验任务

（1）绘制如图 7-22 和图 7-23 所示的销售子系统用例图，并对所绘制图片做简单的解释、分析及说明（看图说话）。

要求：绘制完成后为图片加上水印，如"18101040203 张三版权所有，违者必究!"，图片右下角用文本框写上"18101040203 张三于 20190106 制作于图文 414"。

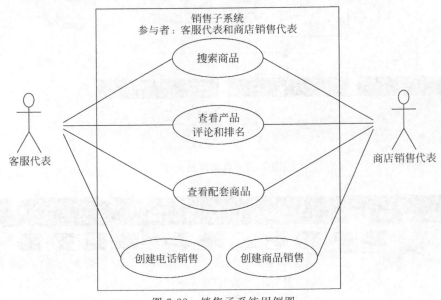

图 7-22 销售子系统用例图

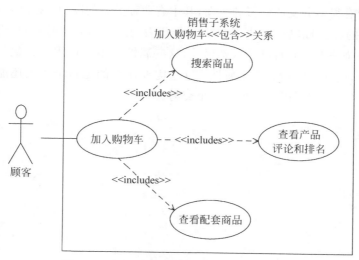

图 7-23 加入购物车<<包含>>关系的用例图

（2）绘制如图 7-24 所示关于银行账户子类的扩展域模型类图，并对所绘制的图片做一些文字说明分析。

要求：右下角"文本框"签名栏改为自己的学号姓名，字体为"华文仿宋 16Pt"，图案填充为"深色上对角线"，"前景"为标准橙色，透明度为 50%，"无线条"；版权水印为"华文彩云 36Pt"，"排列"选"置于底层"。

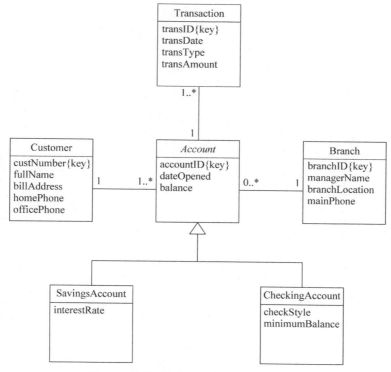

图 7-24 银行账户子类的扩展域模型类图

　　这是一个带有很多分支的银行的类图,其中有两种类型的账户:存款账户和支票账户。Account 是斜体的,说明这是一个抽象类。子类代表的是不同类型的账户,而不是包括账户类型的属性。每个子类都有自己的特殊属性,这些属性是不会运用到其他子类中的。存款账户有 4 个属性,而支票账户有 5 个属性。这里需要注意的是每个子类还能继承与顾客的关系,可随意选择一个支行以及一个或多个交易。

综合实验

专业综合性分析报告撰写

1. 商务图表制作分析报告撰写要求

结合自己所学的专业知识，参照所给案例分析问题的方法，写一份与自己专业结合的图文并茂的分析设计报告。报告中需运用 Visio 绘制两张相关图形，如鱼骨图（因果关系图）、SWOT、波士顿矩阵、网络图、组织结构图、规划图、网络图、软件图等，分析设计的内容需图文并茂，所绘制的图形和文字之间有一定的逻辑性（提供一篇图文并茂的新华社文稿供参考）。内容可以是某个企业的营销或管理策略分析、财务分析、组织结构分析、网络设计、软件设计、规划设计等，内容不少于 2500 字（即按照模板格式 2～3 页纸）。报告排版格式：参照模板排版。

2. 实验环境

硬件需求：计算机，每位学生 1 台。

软件：Windows 操作系统，Microsoft Visio 软件，浏览器，文件上传下载软件。

专业数据库资源：利用图片馆所提供的相关学术期刊论文数据库查询专业文献。

3. 实验准备

撰写报告前应先去图书馆学术数据库查看相关文献，了解一下专业的研究热点，他人研究问题的思路、角度、切入点等，再结合自己手中的资料进行撰写。

1) 实验所需的相关理论知识介绍

(1) 中国知网 CNKI：国家知识基础设施（China National Knowledge Infrastructure，CNKI）的概念，由世界银行于 1998 年提出。CNKI 工程是以实现全社会知识资源传播共享与增值利用为目标的信息化建设项目，由清华大学、清华同方发起，始建于 1999 年 6 月。《中国知识资源总库》，简称"总库"，是具有完备知识体系和规范知识管理功能的、由海量知识信息资源构成的学习系统和知识挖掘系统，由清华大学主办，中国学术期刊（光盘版）电子杂志社出版，清华同方知网（北京）技术有限公司发行。"总库"有数百位科学家、院士、学者参与建设，历经 10 年精心打造，是一个大型动态知识库、知识服务平台和数字化学习平台。

CNKI 文献检索是 CNKI 推出的针对学术期刊、博硕士论文、会议论文以及报纸的专业检索。目前 CNKI 的"总库"拥有国内 8200 多种期刊、700 多种报纸、600 多家博士培养单位优秀博硕士学位论文、数百家出版社已出版图书、全国各学会或协会重要会议论文、百科全书、中小学多媒体教学软件、专利、年鉴、标准、科技成果、政府文件、互联网信息汇总以及国内外上千个各类加盟数据库等知识资源。"总库"中数据库的种类不断增加,数据库中的内容每日更新,每日新增数据上万条。

(2)万方博硕士论文库:始建于1985年,收录了我国自然科学和社会科学各领域的硕士、博士及博士后研究生论文的文摘信息,内容包括:论文题名、作者、专业、授予学位、导师姓名、授予学位单位、馆藏号、分类号、论文页数、出版时间、主题词、文摘等字段信息。从侧面展示了中国研究生教育的庞大阵容以及中国科学研究的整体水平和巨大的发展潜力。

万方数据资源系统是以中国科技信息所(万方数据集团公司)全部信息服务资源为依托建立起来的,是一个以科技信息为主,集经济、金融、社会、人文信息为一体,以Internet为网络平台的大型科技、商务信息服务系统。目前,万方数据资源系统提供期刊、学位论文、会议论文、外文文献、专利、数字化期刊、标准、成果、法规等多个主题版块,并通过统一平台实现了跨库检索服务。

(3)超星电子图书数据库:超星电子图书馆是由北京世纪超星公司建立和维护的大型电子图书全文数据库。图书覆盖范围包括数十个学科分类,涉及哲学、宗教、社科总论、经典理论、民族学、经济学、自然科学总论、计算机等各个学科门类。为高校、科研机构的教学和科研工作提供了大量宝贵的参考资料,同时也是学生们学习科研的好助手。学术资源发现平台是超星公司推出的新一代图书馆资源解决方案,其宗旨在于方便读者快速、准确地在海量学术信息中查找和获取所需信息,满足读者找到、得到所有可能存在的资源的需求。

(4)海量元数据仓储:通过互联网搜索引擎技术,超星公司已经对各种中文学术资源元数据进行了索引和每日更新。其元数据仓储内容涵盖中文图书、期刊、论文、报纸、标准、专利、视频等。

2)新华社图文并茂文稿参考

参考图片如综合实验图1所示。

两个"历史新高"折射中国扩大开放新高度

(2019-01-15)稿件来源:新华每日电讯 经济·民生

综合实验图1　新华社图文并茂文稿

30.51万亿元,外贸进出口总值创历史新高;8856.1亿元,实际使用外资创历史新高。14日,两个"历史新高",折射出新时代扩大开放新高度。

海关数据显示,2018年我国外贸进出口总值首次迈进30万亿元门槛,比2017年的历史高位多出2.7万亿元。同一天发布的商务部数据显示,2018年全国新设立外商投资企业60533家,同比增长69.8%;实际使用外资8856.1亿元,同比增长0.9%。

透过两个"历史新高",不难看出中国主动扩大开放的诚意没有改变。这份诚意,体现在连续下调关税总水平,体现在大幅减少进出口环节需验核的监管证件数量,也体现在不断放宽市场准入和外资股比限制。就在几天前,中国新能源汽车领域放开外资股比后的首个外商独资项目——美国特斯拉上海工厂开工建设。特斯拉公司首席执行官马斯克感慨,中国的发展速度和办事效率令人印象深刻,很难想象能在如此短的时间内完成开设一个汽车工厂的全部程序。

透过两个"历史新高",同样不难看出世界与中国携手共进的信心没有衰减,中国与世界互利共赢的空间得到拓展。经济全球化时代,哪里有市场、哪里开放的胸怀更广阔,企业就到哪里去。2018年,韩国、日本、英国、德国对华实际投入金额同比分别增长24.1%、13.6%、150.1%和79.3%。合同外资5000万美元以上的大项目近1700个,同比增长23.3%。值得一提的是,高技术制造业实际利用外资金额实现同比35.1%的增长。外资看中的,正是中国经济长期稳中向好的基本面,正是中国经济迈向高质量发展的潜力和机遇。

没有最高,只有更高。中国开放的大门不会关闭,只会越开越大。在新的历史起点,一个不断扩大开放的中国,必将与世界各国共同奏响互利共赢新乐章。

(记者刘红霞)新华社北京1月14日电

3)分析报告格式排版说明

班级_____　　学号_____　　姓名_____　　成绩:_____

分析或设计报告格式模板说明(宋体,加粗,三号)

报告要求论点正确,推理严谨,数据可靠,文字精练,条理分明,文字图表清晰整齐,计算单位采用国务院颁布的《统一公制计量单位中文名称方案》中的规定和名称。各类单位、符号必须在报告中统一使用,外文字母必须注意大小写、正斜体。引用别人的研究成果必须附加说明,引用前人材料必须引证原著文字。在报告的行文上,要注意语句通顺,达到科技报告所必须具备的"正确、准确、明确"的要求。

1.1　格式基本要求(宋体,加粗,四号)

报告格式基本要求如下。

(1)纸型:A4纸,无须打印,上交Word格式电子版报告(命名规则:19101040219沈九子分析报告)。

(2)页边距:上3.5cm,下2.5cm,左2.5cm,右2.5cm。

(3)页眉2.5cm,页脚2cm,左侧装订。

(4)字体:正文全部宋体、五号。

(5)行距:1.5倍行距,段前、段后均为0,取消"网格对齐"选项。

（6）图片：Visio 绘制的图片先另存为 JPG 格式,然后在 Word 里插入 JPG 图片。

1.2　页眉页脚的编排

一律用阿拉伯数字连续编页码,页码必须标注在每页页脚底部居中位置,宋体,小五。
页眉为宋体,五号,居中。填写内容是"学号＋姓名＋《商务图表制作分析》报告"。

1.3　正文格式

正文选用模板中的样式所定义的"正文",每段落首行缩进 2 字;或者手动设置成每段落首行缩进 2 字,字体:宋体,字号:五号,行距:多倍行距 1.5,间距:前段、后段均为 0 行,取消"网格对齐"选项。

模板中的正文内容不具备自动调整格式的能力,如果要粘贴,可以在"粘贴"菜单中选择"选择性粘贴"选项,选择"无格式的文本",如综合实验图 2 所示。也可先粘贴在记事本编辑器中,再从记事本中复制,然后粘贴到正文中即可。

正文中的图、表一律采用阿拉伯数字编号,插图都应有名称和序号。图序必须连续,文中引用时,图序在前图在后。图的名称和序号应居中写于图的下方,图序在前,图名在后,其中空一格,末尾不加标点。

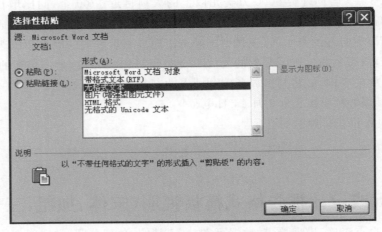

综合实验图 2　"选择性粘贴"对话框

班级　信管 192　　学号　19101040219　　姓名　沈九子　　成绩:＿＿＿＿＿

样张:三层架构的信息系统人才培养实践教学体系

实践性教学是培养应用型人才综合素质必不可少的环节,也是地方性应用型高校办学质量的主要体现。实践性教学的开展,需要与之相适应的教学体系来保证,科学的实践教学体系是开展实践教学的基础,是体现办学特色的重要方面,是培养应用型人才的关键所在。信息管理与信息系统本身就是一门应用性学科,如何在应用型本科高校中构建信管专业实践性教学体系,并体现自己的办学特色是实践性教学工作值得深入研究的课题。

1. 信管专业实践性教学体系的设计思路及依据

在当前的信息系统开发环境及技术条件下,无论是传统的设计方法还是面向对象的设计方法,都广泛采用三层架构,这种三层信息系统架构将应用程序软件划分成一系列独立于硬件环境及地理位置的客户服务器进程。作为信息管理与信息系统专业的毕业生,毕业后将在与这三层信息系统结构相对应的不同层次的不同部门从事信息系统开发、信息系统维护、信息加工处理等工作,因此在信息管理与信息系统专业实践性教学体系设计中,将以当前信息系统的三层架构工作模式为主线,设计信息管理与信息系统专业的实践性教学体系。三层架构的信息系统工作模式与信管专业对应的主干课程关系如综合实验图 3 所示。

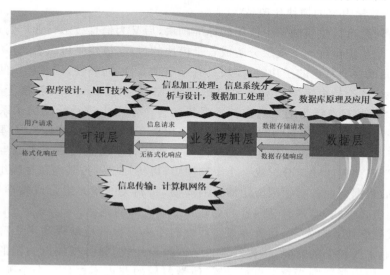

综合实验图 3　三层架构的信息系统工作模式

从综合实验图 3 可以看出,在三层架构的信息系统工作模式下,每一层都会涉及不同的信息技术。数据层,主要负责管理数据的存储,这些数据通常存储在一个或多个数据库中,这就需要掌握数据库原理,并熟练应用数据库技术,对应于信管专业的课程便是数据库原理及应用。业务逻辑层,主要负责实现业务处理的规则和处理程序,使用信息系统的工作人员能够通过该信息系统来解决具体的业务问题,这是信息系统的核心部分。这就需要开发人员理解并详细说明该信息系统应该做什么,如何做,信息系统的组件在物理上是怎样实施的,即信息系统内部的数据是如何加工和处理的。这就要求系统开发人员必须掌握信息系统分析与设计、信息加工处理等相关技术,对应于信管专业的课程便是信息系统分析与设计、数据处理、企业经营与管理等。可视层,负责接收用户的输入数据,并将处理结果格式化输出,这便是界面设计,对应于信管专业的课程便是程序设计、网页设计与制作、多媒体技术等。三层架构的信息系统工作模式具有与生俱来的灵活性,各层之间通常都是响应与请求的交互方式,层与层之间相对独立,各层之间的细节彼此互不影响,但它们之间的响应和请求需要一个通用语言及足够通信容量的网络环境,这就需要开发人员掌握计算机网络及.NET技术,对应于信管专业的课程便是计算机网络技术、ASP. NET 等。

三层架构的信息系统工作模式,可以很好地把信息管理与信息系统的知识体系串联起来,并能将这些专业知识体系转换成具体的信息系统,是理论到实践的一次飞跃。以信息系统的三层架构工作模式为主线,来对应信管专业教学中的主干课程,设计信息管理与信息系统专业的实践性教学体系,具有良好的实用性及可操作性。

2. 信息管理与信息系统专业实践性教学体系的实现

信息系统的三层架构工作模式为实践性教学体系的构建确立了主线,接下来的工作是如何科学合理地实现实践性教学体系,由于实践性教学内容不仅涉及单门课程的实践性教学,而且涉及多门课程的综合实践性教学,需要贴近就业的毕业实习及毕业论文(设计),使每一个环节的实现都会对学生应用能力进行一次较大的提升,对实践性教学内容进行模块化、层次化改造是一条行之有效的路径。

1) 实践性教学内容的模块化改造

"模块"一词原意指建筑施工中使用的标准砌块,后又为信息技术行业广为运用,模块化是指把一个复杂系统自顶向下逐层分解成若干模块的过程,模块是可组合、分解和更换的单元,每个模块完成一个特定的子功能,模块具有一定独立性、完整性,同时模块间又有一定联系。"模块教学"理论是由美国迈克尔·加扎尼加(Michael Gazzaniga)教授于1976年提出的。他认为:"新的观点认为脑是由在神经系统的各个水平上进行活动的子系统以模块的形式组织在一起的。"1983年,认知科学家J.福多出版了《心理的模块性》,从理论计算机科学和人工智能研究角度,提出了智能的模块性。模块式教学模式汲取了工业生产中的模块化思想,将各学科课程的知识分解成一个个知识点,再将知识点按其内在逻辑组合成相对独立的单元,然后根据专业技术领域应用能力的需要,将相关的单元组合成教学模块,通过增删单元和调整组合方式,实现教学内容的更新和专业方向的调整。

在模块式教学模式启发下,信管专业实践性教学内容设计应从提高学生应用能力为出发点,根据专业实践教学的需要,将实践性教学内容模块化,每一模块以明确的教学目标为核心,所有教学内容紧紧围绕教学目标设置,使学习后的获得不再是一个个孤立的知识点,而是教学目标统摄下的结构化的知识框架。模块内应以相对独立的课程内容为基础,形成相对独立的"学习单元",内容上具有相对的独立性。通过对实践性教学内容的模块化改造,改变原有教学内容组织的梯状序列,使实践性教学内容以多开端、多系列、多层次的方式进行整合,教学内容上纵横沟通,相互连接,同时又能够不断吸纳本专业发展的新技术新内容,并可根据学科新的发展和教学要求,灵活调整模块中的实践教学内容,实现模块更新,使得实践性教学体系具有一定的开放性和灵活性。

2) 实践性教学模块的分层

美国芝加哥大学教学心理学家布卢姆教授是最早对课堂教学目标以及相关课程进行研究的专家,布卢姆认为,一个成功的教育方案离不开一个表达清晰的研究目的,而这些目的是通过教与学进行传达的,在这个传达的过程中,如果目的(即目标)产生了偏差,那么在教与学的过程当中就要给予及时矫正,教育目标是指预期的学生学习结果。布卢姆立足于教育目标的完整性,制定了教育目标分类系统,把教育目标分为认知、情感和动作技能三个目标领域,并按照由低到高、由简到繁的顺序把每个目标领域再细分为多个层次和水平,基本上涵盖了个体发展的所有内容。在布卢姆的教学目标、分类及分层教育理念的启发下,根据信管专业实践性教学要达到的目的,对实践性教学内容模块做一些简单的分类和分层是完全有必要的,通过对实践性教学内容的分类与分层,有利于教学的实施和学生的学习,这是制定综合实践性教学活动内容的一个重要理论框架。

　　在教学目标和分类、分层次理念的启发下,可将信息管理与信息系统专业实践性教学体系分类成校内实践性教学体系和校外实践性教学体系两大类,每一大类再分成两个递进的层次,共计四模块的立体式实践教学体系,模块层次图如综合实验图4所示。

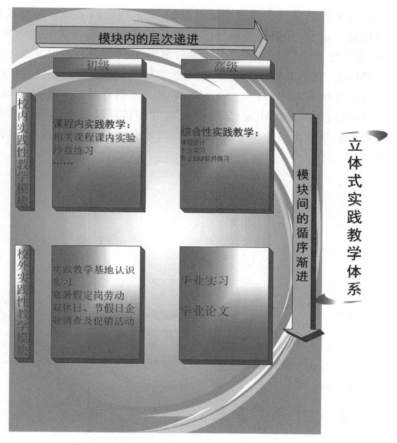

　　综合实验图4　立体式实践教学体系模块层次图

　　校内实践性教学体系的两模块两层次如下:第一层次模块即专业课程实验,通过该实践性教学使学生掌握信息系统开发及管理工具的应用能力,课程实验主要有程序设计、数据库等相关专业课程的教学实验,这些实验是培养学生逻辑思维及掌握系统开发 CASE 工具能力的基础;第二层次模块即独立开设的课程设计及开放性专业实习,专业综合课程设计将某门课程零碎的知识串联起来,起着该课程的集成作用,具体表现形式便是课程设计,主要有数据库课程设计、网络课程设计,通过独立的课程设计提高学生的综合应用能力及创造力。开放性专业实习主要在高年级本科生中开展,要求学生在掌握相关多门课程专业知识的基础上,对所学的专业知识进行综合训练,如商业信息系统分析与设计专业综合实习,商业网络信息系统实现及商业信息数据分析处理专业实习,大型商业系统软件系统模拟。

　　校外实践性教学体系的两模块两层次如下:第一层次模块即认识实习,主要表现形式有寒暑假及节假日实践性教学基地定岗劳动,暑期及周末商业企业实习,商业促销活动筹划,售后服务等活动,商业企业实践性教学基地专业见习,通过这些实践性教学环节使学生获得本专业工作实践的感性认识;第二层次模块即毕业实习及毕业论文,学生结合自己的专业实习开展毕业设计工作,通过该实践性教学活动培养学生对本专业工作实践的理性认识。

3. 总结

不断完善实践教学体系是一个循序渐进的过程,在实践性教学体系完善过程中,应着重突出学生专业应用能力培养,并能够体现自己的专业特色。上海商学院作为地方性应用型商科高校,应以强化学生商业信息应用能力及商业经营中的创造力为出发点,科学合理地优化实践性教学内容体系,突出商科应用型高校的办学特色,使学生上手快,适应能力强。考虑到地方高校的办学基础和办学条件,上海商学院在人才培养模式上不应追随综合性大学强化理论的做法,应从应用的角度出发,紧密结合地方商科院校的办学层次和办学特色,通过科学合理的实践性教学体系强化学生应用能力,向社会输送具有鲜明商业特色的信息管理与信息系统应用型人才。

附录

实验报告

上海商学院实验报告

课程名称：Visio 图表制作（普适）　实验名称：Visio 实验环境及基本功能熟悉

成绩：＿＿＿＿　学院：＿＿＿＿　班级：＿＿＿＿　学号：＿＿＿＿　姓名：＿＿＿＿

实验日期：　年　月　日

实验 1　Visio 实验环境及基本功能熟悉

1. 实验目的

（1）熟悉 Visio 的基本工作环境。

（2）理解 Visio 中的形状、模具、模板等概念。

（3）熟练掌握 Visio 的基本功能，掌握基本形状的常用属性和绘制方法。

2. 实验任务与要求

（1）完成实验指导中红绿灯的制作及基本流程图的创建，熟悉 Visio 的工作环境，并掌握 Visio 的一些基本功能。

（2）完成实验任务，并按实验任务中的要求撰写实验报告。对所绘制的图形做简单的解释说明（即看图说话），就实验任务完成过程中出现的问题、解决方式等进行总结。

3. 实验工具与方法

计算机，Windows 操作系统，Microsoft Visio 软件。

4. 实验结果及总结

上海商学院实验报告

课程名称：Visio 图表制作（普适） 实验名称：Visio 自绘图形 成绩：_____

学院：_____ 班级：_____ 学号：_____ 姓名：_____

实验日期： 年 月 日

实验 2 自绘图形

1. 实验目的

（1）了解 Visio 中形状的布尔操作的工作原理，即通过"与""或""非"等运算对图形进行编辑操作。

（2）理解并熟练使用"开发工具"中的"联合""组合""拆分""相交""剪除""连接"等相关功能。

（3）掌握"自定义功能区"选项卡的添加和删除。

2. 实验任务与要求

（1）完成实验指导中的三氧化二铁的还原反应图、地球气压带与风带示意图的绘制。

（2）完成实验任务，以实验任务完成的大体过程、出现的问题、如何解决、实验结果及实验心得等内容撰写实验报告。

（3）实验任务：绘制氧化铜的还原实验图，世界洋流和行星风系模式图及风海流的形成，并按实验任务中的要求撰写实验报告。

3. 实验工具与方法

计算机，Windows 操作系统，Microsoft Visio 软件。

4. 实验结果及总结

上海商学院实验报告

课程名称：Visio 图表制作（普适）　实验名称：营销图表的绘制　成绩：_____

学院：_____　班级：_____　学号：_____　姓名：_____

实验日期：　　年　月　日

实验 3　营销图表的绘制

1. 实验目的

（1）掌握 Microsoft Visio 商务模板相关图表的使用。

（2）理解因果分析、价值流程分析的基本应用。熟练掌握营销图表绘制的相关功能；理解常用的营销分析方法和技术，如 SWOT 分析、波士顿矩阵图、Ansoff 矩阵。

（3）掌握常用商务类图型的常用模具及绘制方法。

2. 实验任务与要求

（1）完成实验指导中的相关操作内容。

（2）完成实验任务，以实验任务完成的大体过程、出现的问题、如何解决、结果及实验心得等内容撰写实验报告。

（3）实验任务：绘制因果分析图及食品安全金字塔结构图，并按实验任务中的要求撰写实验报告。

3. 实验工具与方法

计算机，Windows 操作系统，Microsoft Visio 软件。

4. 实验结果及总结

上海商学院实验报告

课程名称：Visio 图表制作(普适)　实验名称：组织结构图的绘制　成绩：_____

学院：_____　班级：_____　学号：_____　姓名：_____

实验日期：　年　月　日

实验 4　组织结构图的绘制

1. 实验目的

(1) 熟悉组织结构图绘制的相关功能,熟练掌握 Visio 中组织结构图的绘制方法。

(2) 能熟练地将组织结构图导出到外部存储文件中,能通过已有的外部数据文件创建组织结构图。

(3) 加深对管理幅度、管理层次、权力等级、部门化等组织设计概念的理解。

2. 实验任务与要求

(1) 完成实验指导中的相关操作内容,熟悉组织结构图的绘制环境及菜单功能。

(2) 完成实验任务,以实验任务完成的大体过程、出现的问题、如何解决、结果及实验心得等内容撰写实验报告。

(3) 实验任务：绘制泰康医疗器械公司组织结构图,并将组织结构图中的数据导出到一个文本文件中；利用组织结构图向导生成 Excel 文件,利用该 Excel 文件生成一个组织结构图。

3. 实验工具与方法

计算机,Windows 操作系统,Microsoft Visio 软件。

4. 实验结果及总结

上海商学院实验报告

课程名称：Visio 图表制作（普适） 实验名称：外部数据形状的创建 成绩：＿＿＿＿
学院：＿＿＿＿ 班级：＿＿＿＿ 学号：＿＿＿＿ 姓名：＿＿＿＿
实验日期：　年　月　日

实验 5　外部数据形状的创建

1. 实验目的

（1）掌握外部数据的导入过程。

（2）根据导入的数据熟练创建数据透视关系图，理解数据透视图中数据的汇总方式，并能对透视图加以分析；理解因果分析、价值流程分析的基本应用。

（3）理解 Visio 中数据形状链接的含义，熟练掌握自定义及外部模具的添加方式，并将数据链接到添加的形状当中。

2. 实验任务与要求

（1）完成实验指导中的数据透视图、数据形状的链接及自定义形状的创建。

（2）完成实验任务，以实验任务完成的大体过程、出现的问题、如何解决、结果及实验心得等内容撰写实验报告。

（3）实验任务：以北京高校类型为依据制作一层数据透视图，再选中"理工"类以高校名为依据添加二层数据透视图，并就数据透视图做分析（即看图说话）；网上下载一个 Visio 模具或者自己新建几个模具形状，将排名前 5 名的学校链接到形状，并就图片中的收入排名做简要的分析说明。

3. 实验工具与方法

计算机，Windows 操作系统，Microsoft Visio 软件。

4. 实验结果及总结

上海商学院实验报告

课程名称：Visio 图表制作（普适）　实验名称：模板分类及快捷键的使用

成绩：_____　学院：_____　班级：_____　学号：_____　姓名：_____

实验日期：　　年　月　日

实验 6　模板分类及快捷键的使用

1. 实验目的

（1）熟悉 Visio 模板的分类及提示，能结合自己所要传递的信息选择合适的模板并绘制图形。

（2）熟练运用 Visio 的常用快捷键及绘图技巧。

（3）掌握自制模具的添加和删除。

2. 实验任务与要求

（1）完成实验指导中的校园网络结构图及学校站点图的绘制。

（2）完成实验任务，以实验任务完成的大体过程、出现的问题、如何解决、实验结果及实验心得等内容撰写实验报告。

（3）实验任务：绘制 QQ TIM 应用软件的登录窗口界面图及奉浦校区示意图，按照实验任务中的要求撰写实验报告。

3. 实验工具与方法

计算机，Windows 操作系统，Microsoft Visio 软件。

4. 实验结果及总结

上海商学院实验报告

课程名称：Visio 图表制作（普适） 实验名称：UML 模型的构建 成绩：_____

学院：_____ 班级：_____ 学号：_____ 姓名：_____

实验日期： 年 月 日

实验 7 UML 模型的构建

1. 实验目的

（1）理解用例分析的目标即标识系统功能，从用户的角度出发如何组织这些功能，熟练绘制用例图。

（2）掌握系统中类的静态结构，类之间的联系，如关联、依赖、聚合等。

（3）理解类的概念，类的属性及方法，熟练绘制类图。

2. 实验任务与要求

（1）完成实验指导中的相关操作内容。

（2）完成实验任务，以实验任务完成的大体过程、出现的问题、如何解决、结果及实验心得等内容撰写实验报告。

（3）实验任务：绘制销售子系统的用例图及一个关于银行账户子类的扩展域模型类图，并按实验任务中的要求撰写实验报告。

3. 实验工具与方法

计算机，Windows 操作系统，Microsoft Visio 软件。

4. 实验结果及总结

图书资源支持

感谢您一直以来对清华版图书的支持和爱护。为了配合本书的使用，本书提供配套的资源，有需求的读者请扫描下方的"书圈"微信公众号二维码，在图书专区下载，也可以拨打电话或发送电子邮件咨询。

如果您在使用本书的过程中遇到了什么问题，或者有相关图书出版计划，也请您发邮件告诉我们，以便我们更好地为您服务。

我们的联系方式：

清华大学出版社计算机与信息分社网站：https://www.shuimushuhui.com/

地　　　址：北京市海淀区双清路学研大厦 A 座 714

邮　　　编：100084

电　　　话：010-83470236　　010-83470237

客服邮箱：2301891038@qq.com

QQ：2301891038（请写明您的单位和姓名）

资源下载：关注公众号"书圈"下载配套资源。

资源下载、样书申请

书 圈

图书案例

清华计算机学堂

观看课程直播